全国机械行业高等职业教育“十二五”规划教材
高等职业教育教学改革精品教材

钳工技能实训指导教程

孙德英　金海新　编著

机 械 工 业 出 版 社

本书以钳工技术专业技能为主线，重点介绍钳工基本操作步骤和方法。主要内容包括：钳工常用设备、工量具的使用、划线、锯削、錾削、锉削、孔加工、刮削、研磨、矫正、弯曲、铆接、攻螺纹、套螺纹及装配等基本操作技能；在基本操作方法中，融入了相关的理论分析，并把安全操作规程引入到操作方法中。

本书适用于高等职业院校机械类各专业的实训教学，也可作为钳工的培训教材。

本书配有电子课件，凡使用本书作教材的教师可登录机械工业出版社教育服务网（http://www.cmpedu.com）下载，或发送电子邮件至 cmpgaozhi@sina.com 索取。咨询电话：010-88379375。

图书在版编目（CIP）数据

钳工技能实训指导教程/孙德英，金海新编著．—北京：机械工业出版社，2014.3（2017.7 重印）

全国机械行业高等职业教育“十二五”规划教材　高等职业教育教学改革精品教材

ISBN 978-7-111-45826-5

Ⅰ.①钳…　Ⅱ.①孙…②金…　Ⅲ.①钳工-高等职业教育-教材　Ⅳ.①TG9

中国版本图书馆 CIP 数据核字（2014）第 027059 号

机械工业出版社（北京市百万庄大街 22 号　邮政编码 100037）

策划编辑：边　萌　责任编辑：边　萌

版式设计：霍永明　责任校对：任秀丽

封面设计：鞠　杨　责任印制：常天培

北京京丰印刷厂印刷

2017 年 7 月第 1 版・第 3 次印刷

184mm×260mm・7.5 印张・169 千字

4 001—5 900 册

标准书号：ISBN 978-7-111-45826-5

定价：23.00 元

前　言

现代装备制造业的发展对钳工提出了更高的要求，掌握和运用好钳工技术专业技能是保障产品质量的关键。制造技术的现代化使钳工的工作范围逐渐在扩大，分类更细。但不管钳工如何分类及分工，都要掌握钳工技术的基本技能，以适应企业对人才的需求。为了方便钳工技术专业技能人员的课前预习、课中学习、课后复习的需要，满足高等职业院校机械类专业的钳工技术专业技能实训教学需要，特编写了钳工技能实训指导教程。

本书参照《钳工国家职业标准》，根据多年来钳工实训教学的经验与总结，注重"实用""实践兼顾理论""培训与鉴定相结合"的原则，使学生在1~2周的实训教学时间内，初步掌握钳工技术的各项基本技能，为后续课程及就业打下基础。

综上所述，本教材具有以下特色：

(1) 每章节内容的系统性　明确本部分应掌握的重点内容；分析与阐述钳工技术的基本技能操作方法与步骤；通过技能训练，系统地掌握本章节内容；通过复习思考题，巩固本章节所学的内容。

(2) 全书内容的系统性　钳工涉及的常用设备、工量具的使用，以及划线、锯削、錾削、锉削、孔加工、刮削、研磨、矫正、弯曲、铆接、攻螺纹、套螺纹及装配等操作技能系统化，并以案例形式展现。

(3) 实践性与实用性　教学内容与生产相结合、与实践相结合，书中各部分配套了适量的图样及分析讲解。

(4) 理论与生产实践相结合　书中以工作过程为导向，把钳工的理论与实践相结合，把安全操作规程与操作方法相结合。

本书还配套了适量的复习思考题与技能训练题。

全书由大连职业技术学院孙德英、金海新合作完成。由于作者经验与技术水平的局限性，书中难免有缺陷和不足之处，敬请读者指正。

编　著　者

目　录

第 1 章　钳工入门初步知识

【学习要点】

钳工工作的主要内容。

用钳工常用的工量具对零件进行测量。

把钳工安全操作规程融入到操作训练过程中。

1.1　钳工工作的主要内容

钳工使用手工工具和一些电动工具（如钻床、砂轮机、手电钻等）对工件进行加工或对部件、整机进行装配，是机械加工过程中不可缺少的一个工种。

钳工的工作范围很广，主要有：

1）零件加工前的准备工作，如毛坯的清理、划线。

2）机器设备装配前对零件进行钻孔、铰孔、攻螺纹等。

3）机械设备的装配、调试和维修等。

4）对精密零件的加工，如刮研及制造样板等。

随着现代加工技术的发展，钳工工种的划分越来越细，产生了专业性的钳工工种，如装配钳工、检修钳工、工具钳工、划线钳工及模具钳工等。但无论是哪一类钳工，要完成好钳工工作，都要掌握钳工的各项基本操作技能，包括划线、錾削、锯削、钻孔、扩孔、铰孔、攻螺纹、矫正、刮削、装配及基本测量等；同时还要掌握其相应的基础理论。

1.2　钳工常用设备

钳工常用的设备主要有钳工台、台虎钳、砂轮机、钻床等。本章只介绍钳工台、台虎钳及砂轮机。

1.2.1　钳工台

钳工台如图 1-1 所示，也称为钳桌、钳台，其主要作用是在它的上面安装台虎钳和存放钳工常用工具等，分为单人钳工台和多人钳工台两种。

1.2.2　台虎钳

1. 台虎钳的规格

台虎钳装在钳工台上，是用来夹持工件的通用夹具。台虎钳的规格用钳口宽度来表示，常用规格有 100mm（4in）、125mm（5in）和 150mm（6in）等。

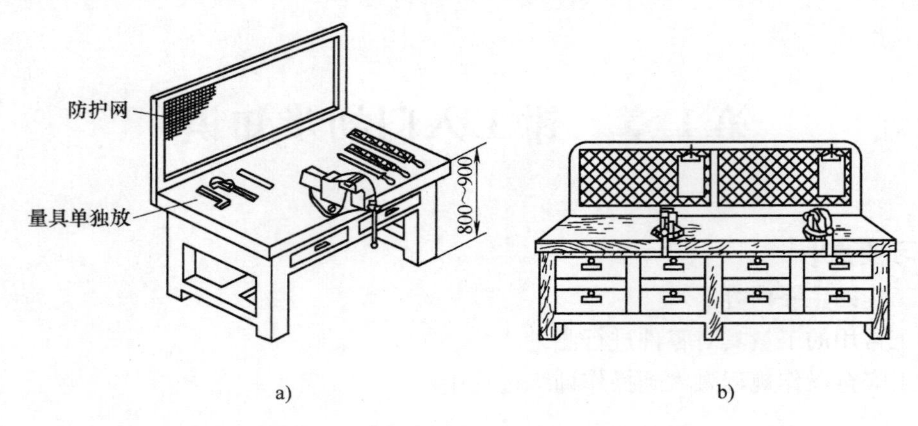

图 1-1 钳工台

a）单人钳工台 b）多人钳工台

2. 台虎钳分类

台虎钳有固定式和回转式两种，如图 1-2 所示。两者的主要结构和工作原理基本相同，不同点是，工作时回转式台虎钳，钳身可在底座上回转，满足不同方位加工的需要。

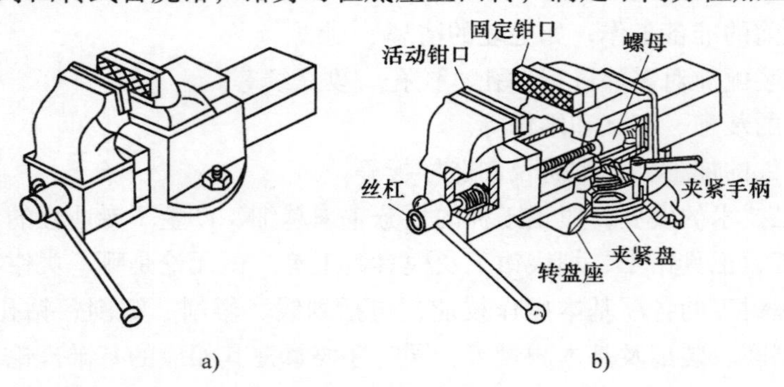

图 1-2 台虎钳

a）固定式 b）回转式

3. 台虎钳的正确使用方法

（1）台虎钳滑动配合的表面上要经常加注润滑油，并保持清洁，以防锈蚀。

（2）夹紧工件时，必须靠手的力量来扳动手柄，不能借助其他工具加力（如锤子、管子等）。

（3）强力作业时，应尽量使力量朝向固定钳身。

（4）不许在活动钳身和光滑平面上敲击作业。

1.2.3 砂轮机

1. 砂轮机的种类及组成

砂轮机是用来刃磨各种刀具、工具及工件毛边、余量等的常用设备，主要由电动机、砂轮机座、托架和防护罩等组成。

砂轮机的种类很多，如台式砂轮机、手提式砂轮机和落地式砂轮机等。常用的有台式和落地式两种，图1-3所示为落地式砂轮机。

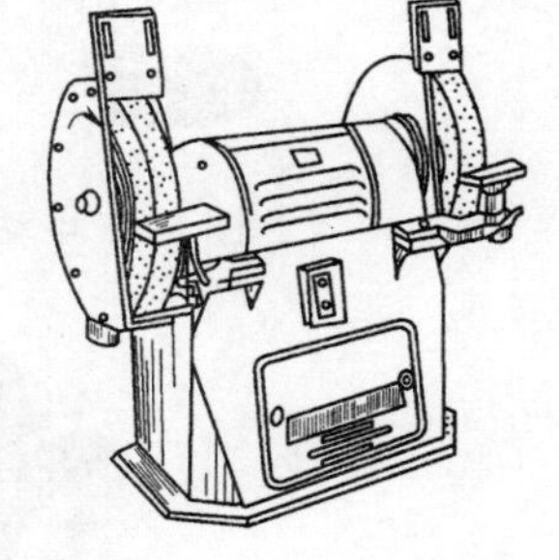

图1-3 落地式砂轮机

2. 使用砂轮机注意事项

砂轮机上装有砂轮，其材质较脆且工作时转速较高，使用时要遵守安全操作规程，严防产生砂轮破裂和人身事故。

（1）砂轮机的旋转方向要正确，只能使磨屑向下飞离砂轮。

（2）起动砂轮机后，待砂轮旋转正常后再进行磨削；当听到有异声或观察到砂轮旋转有不平稳现象时（如径向跳动或左右摆动），应立即停机待查。

（3）磨削时，操作者应站在砂轮机的侧面或斜对面，不可面对砂轮机，且用力不能过大。

（4）砂轮表面已磨平或旋转时跳动较大，要及时用修整器修整。

1.3 钳工常用工量具

1.3.1 钳工常用工具

钳工常用工具一般分为两类，一类为手工工具，另一类为电动工具。

1. 手工工具

钳工手工工具包括划线、锯割、锉削、钻孔、铰孔、攻螺纹、刮削及装配工具等，将在以后的章节中详细讲解。

2. 电动工具

钳工电动工具是以电动机或电磁铁为动力，通过传动机构驱动工作头的一种机械化工具。与钳工有关的电动工具主要分为金属切削电动工具、研磨电动工具和装配电动工具。常见的电动工具有手电钻、电动砂轮机、电动螺钉旋具、电动攻丝机、电动扳手、型材切割机等。

（1）手电钻　手电钻就是以交流电源或直流电池为动力的钻孔工具，是手持电动工具的一种，如图1-4所示。手电钻是用来对金属或其他材料进行钻孔的电动工具，其具有体积小、质量轻、使用方便、操作简单等特点。当受到工件形状或结构限制而不能使用钻床钻孔时，手电钻即得到广泛使用。用手电钻钻削钢材允许使用的最大钻头直径表示手电钻的规格。

（2）电动砂轮机　电动砂轮机是用砂轮或磨盘进行磨削的电动工具，如图1-5所示。图1-6所示是电动砂轮机上用的砂轮片。

（3）电动螺钉旋具　电动螺钉旋具是用于拧紧和旋松螺钉用的电动工具，如图1-7所示。

（4）电动攻丝机　电动攻丝机是用于加工内螺纹的电动工具，如图1-8所示。

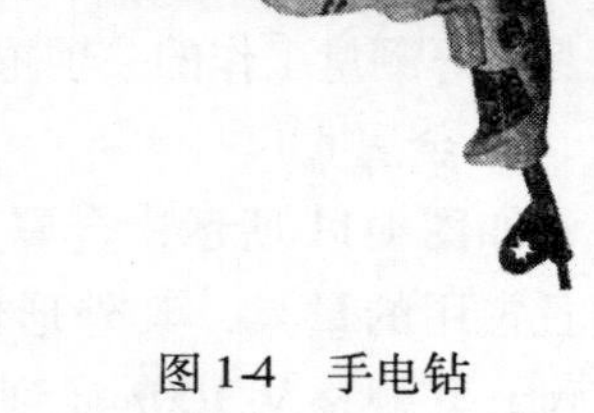

图1-4 手电钻

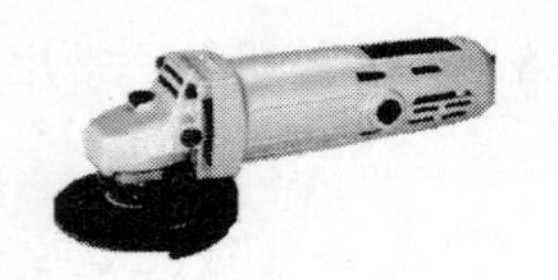

图 1-5　电动砂轮机

图 1-6　砂轮片

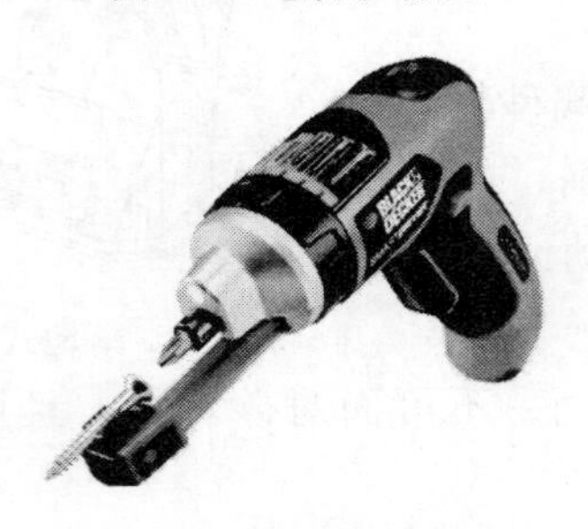

图 1-7　电动螺钉旋具

图 1-8　电动攻丝机

（5）电动扳手　电动扳手以电源或电池为动力，用于拧紧和旋松螺栓及螺母的电动工具，如图 1-9 所示。电动扳手工作部分多为内六角式和外六角式。

（6）型材切割机　如图 1-10 所示，型材切割机是采用单相交流电动机为动力源，通过传动机构驱动砂轮片切割金属的工具，具有安全可靠、劳动强度低、生产效率高、切断面平整光滑等优点，广泛用于圆形钢管、异形钢管、铸铁管、圆钢、槽钢、角钢、扁钢等型材的切割加工。型材切割机用于切割型材的主要刀具是砂轮片。

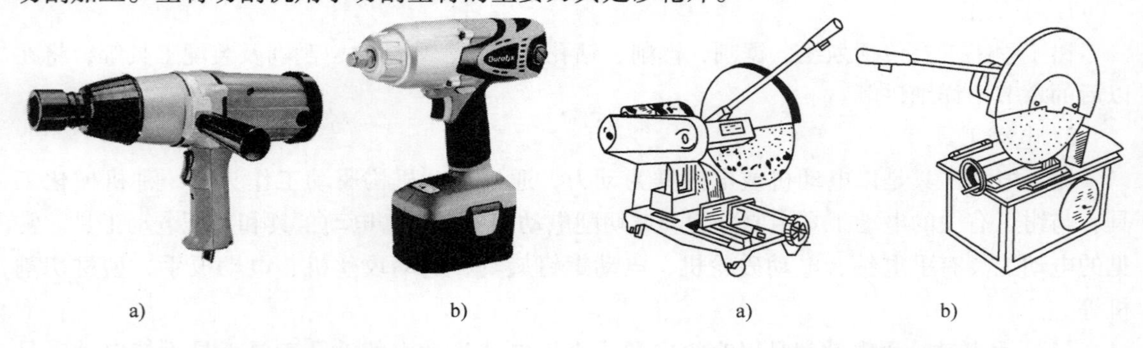

a)　b)　a)　b)

图 1-9　电动扳手

a）内六角式　b）外六角式

图 1-10　型材切割机

a）可移动型材切割机　b）箱座式型材切割机

1.3.2　量具

在制作零件、检测设备、安装和调整装配等工作中，都需要用量具来检查加工件的尺寸是否符合要求。没有量具，就不可能制造出满足要求的设备，因此熟悉及掌握量具的基本使用方法是做好测量工作的一项重要技能。钳工常用量具有多种，本部分只介绍几种常见的量具。

1. 金属直尺

如图 1-11 所示，金属直尺是最普通且常用的量具，其外形像普通塑料直尺，其规格从 100mm 到 2000mm 不

图 1-11　金属直尺

等。除了有测量功能外，金属直尺还有划线功能，常用于尺寸精度要求不高的测量场合。

使用金属直尺测量工件的步骤与方法如下：

（1）检查金属直尺　主要检查金属直尺是否弯曲，分度是否清晰，端面及侧面是否有磨损现象。

（2）放置金属直尺　将V形架或角铁的平面与工件测量长度方向面靠紧，金属直尺零线端部靠在V形架或角铁平面上，如图1-12所示。

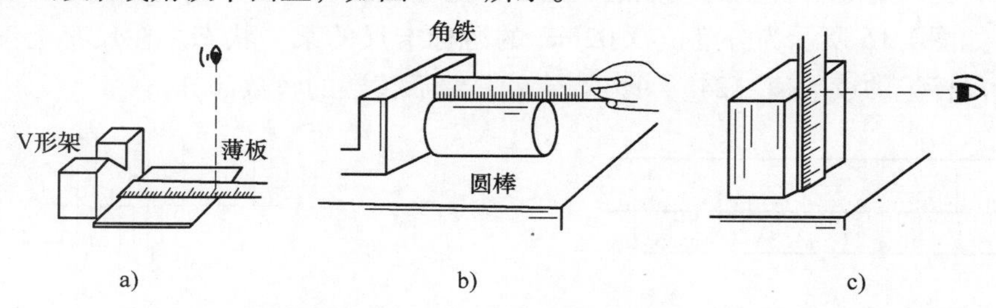

图1-12　金属直尺的使用

a）将V形架或角铁的平面与工件端面靠紧　b）测量圆棒长度时，金属直尺与工件轴线平行　c）测量高度时，金属直尺垂直于平台或平面

图1-12a所示是将V形架或角铁的平面与工件端面靠紧；图1-12b所示是测量圆棒长度时，金属直尺要与工件轴线平行；图1-12c所示是测量高度时，将金属直尺垂直于平台或平面上。

（3）读数　从金属直尺的正面正视分度线读取数值。

2. 钢卷尺

如图1-13所示，钢卷尺是日常生活中常用的工量具，其规格从1m到100m不等，主要用于尺寸精度要求不高的长度尺寸测量场合。

3. 游标卡尺

游标卡尺是工业上常用的测量仪器，带有测量爪并利用游标原理对两同名测量面相对移动分隔的距离进行读数的一种较为精密的测量器具，可测量长度、内外径、深度等。其测量范围可分为0～100mm、0～125mm等11个规格；其分度值为0.1mm、0.05mm、0.02mm、0.01mm四种。

（1）结构与工作原理　图1-14所示为分度值为0.02mm的游标卡尺的结构，它主要由尺身（主尺）和附在尺身上能滑动的游标两部分构成。

图1-13　卷尺

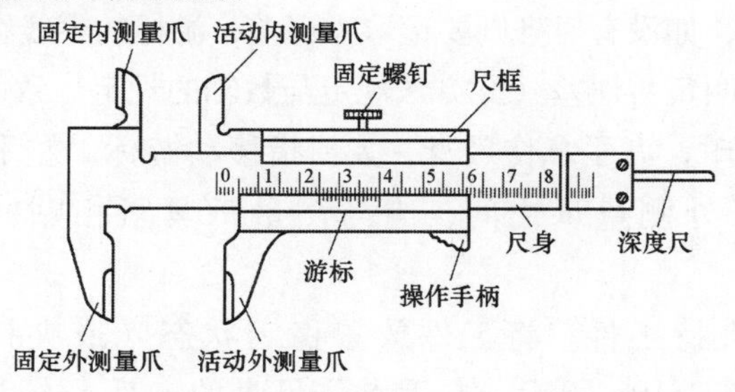

图1-14　游标卡尺的结构

游标卡尺的测量原理如图1-15所示。尺身每小格为1mm，当两测量爪合并时，尺身上的49mm正好对准游标上的第50格，则游标每格为49/50 = 0.98mm，尺身与游标每格相差(1 - 0.98)mm = 0.02mm。因此，游标卡尺的分度值为0.02mm（游标上直接用数字示出）。

（2）游标卡尺的读数方法　以游标零线为准在尺身上读取毫米（mm）整数，即以毫米为单位的整数部分；再查看出游标上哪一条标尺标记与尺身标尺标记对齐，并记录读数值即为小数部分；把尺身和游标上的读数值加起来即为测量值。

举例，如图1-16所示为分度值0.02mm的游标卡尺的某一状态。在尺身上读出游标零线以左的标尺标记的读数值（24），即值24就是最后读数的整数部分。

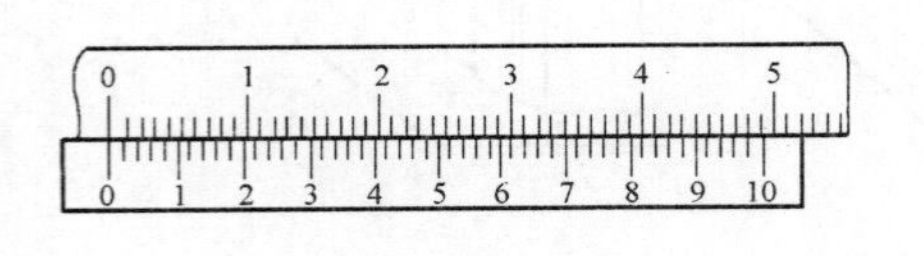

图1-15　测量原理图

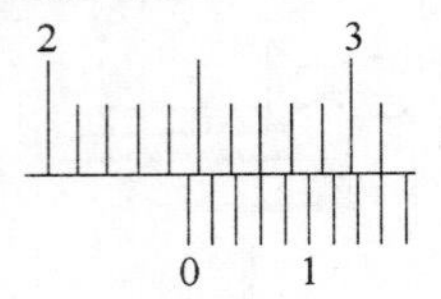

图1-16　游标卡尺工作状态

游标上一定有一标尺标记（16）与尺身上的标尺标记对齐，即16为读数的小数部分。

将所得到的整数和小数部分相加，得到总尺寸为（24 + 0.16)mm = 24.16mm。

（3）游标卡尺的几种使用方法　举例如图1-17所示。

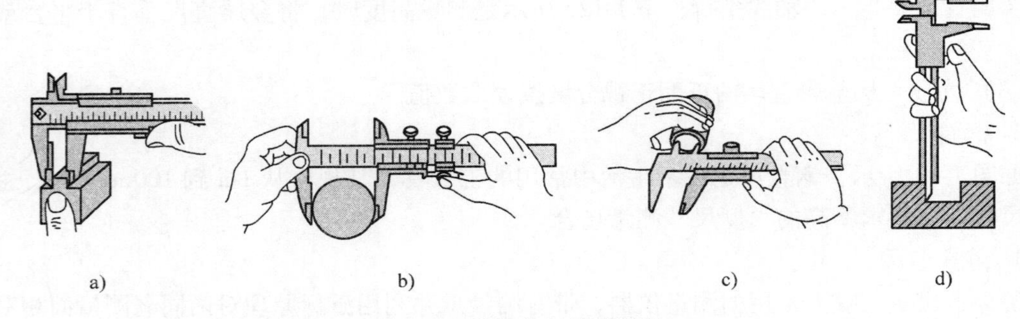

a)　b)　c)　d)

图1-17　游标卡尺使用举例

a）测量宽度　b）测量外径　c）测量内径　d）测量深度

（4）使用游标卡尺测量工件的步骤与方法

1）检查游标卡尺。检查游标卡尺测量面是否清洁，如有必要则用软布将测量爪擦干净；将两测量爪合拢时，检查游标和尺身的零线是否对齐，如图1-18所示。如果对齐就可以进行测量，如没有对齐则要记取零误差，游标的零线在尺身零线右侧的叫正零误差，在尺身零线左侧的叫负零误差（此方法规定与数轴的规定一致，原点以右为正，原点以左为负）。

测量时，右手拿住尺身，大拇指移动游标，左手拿待测外径（或内径）的物体，使待测物位于外测量爪之间，当与测量爪紧紧相贴时，即可读数。

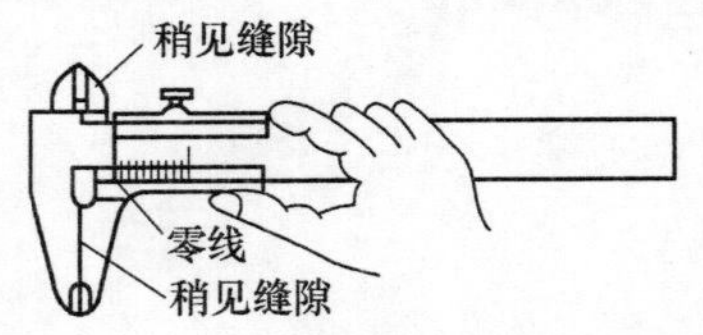

图1-18　游标卡尺的检查

2）夹持工件。将工件放置稳定状态（或夹持、或手持）；如图1-19a所示，左手拿住尺身的卡爪，右手拿住尺身，大拇指放在游标处；移动游标卡爪，把两测量面张开至比被测量工件尺寸稍大；大拇指推动游标卡爪，使两测量面与被测工件贴合。

对于小型工件，如图1-19b所示，左手拿工件，右手操作游标卡爪。

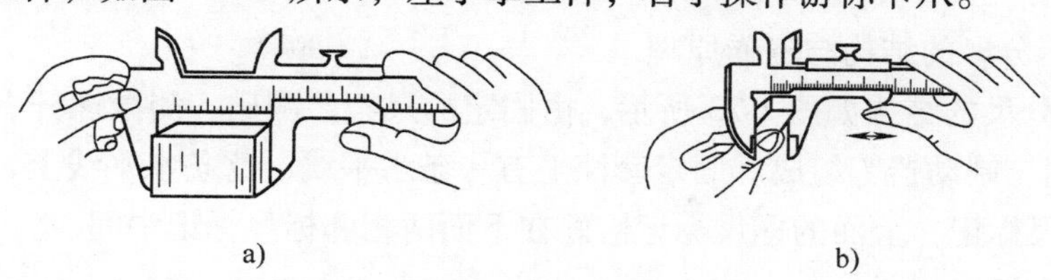

图1-19　游标卡尺的使用

a）夹持工件　b）小型工件的夹持

3）读数。夹住工件，从标尺的正面正视标记读取数值。如读数不方便，可旋紧固定螺钉后，将卡尺从工件上取下，再读取数值。如图1-20所示，以分度值为0.02mm的游标卡尺为例，其读数为（22+0.2）mm=22.2mm。

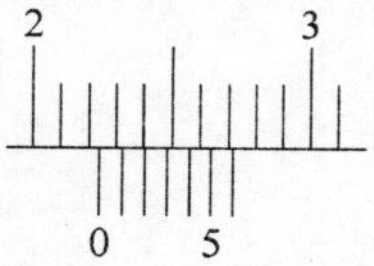

2　3

0　5

图1-20　读数举例

4. 游标深度卡尺

游标深度卡尺如图1-21所示。游标深度卡尺平常被简称为“深度卡尺”，其主要由尺身、游标及尺座组成，读数方法与游标卡尺相同。

使用时，将尺座贴住工件表面，再将尺身推下，使测量面接触到被测量深度的底面。游标深度卡尺用于测量凹槽或孔的深度、梯形工件的梯层高度、长度尺寸等。

5. 游标高度卡尺

游标高度卡尺如图1-22所示。游标高度卡尺的主要用途是测量工件的高度，有时也用于划线，由尺身、微调部分、游标、尺座、划线爪与测量爪固定架等组成。其读数原理与前面所叙述的游标卡尺相同。划线时，划线爪要垂直于划线表面。

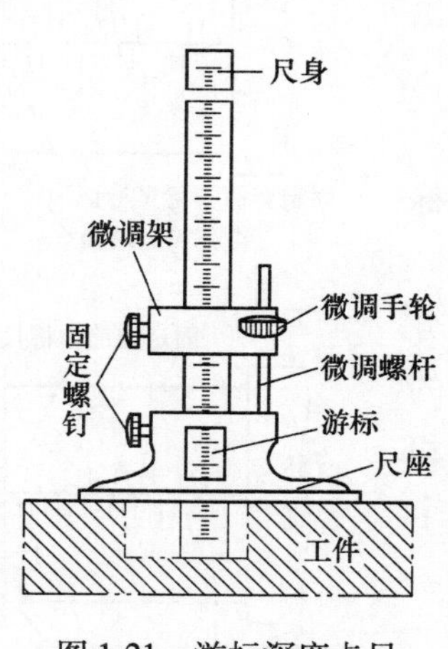

图1-21　游标深度卡尺

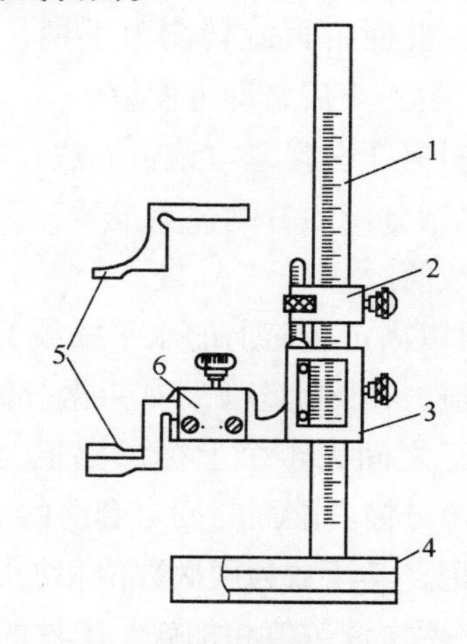

图1-22　游标高度卡尺

1—尺身　2—微调部分　3—游标　4—尺座

5—划线爪与测量爪　6—固定架

6. 外径千分尺

外径千分尺是生产中常用的精密测量工具，主要用来测量工件的长、宽、厚及外径尺寸。它的分度值为 0.01mm、0.001mm、0.002mm 和 0.005mm，其测量范围有 0 ~ 25mm 直到 0 ~ 125mm 等。

（1）外径千分尺的结构与工作原理

1）外径千分尺的结构如图 1-23 所示，由固定的尺架、测砧、测微螺杆、固定套筒、微分筒、测力手柄、制动器等组成。固定套筒上有一条水平线，这条水平线上、下各有一列间距为 1mm 的标尺标记，上面的标尺标记恰好在下面两相邻标尺标记中间。

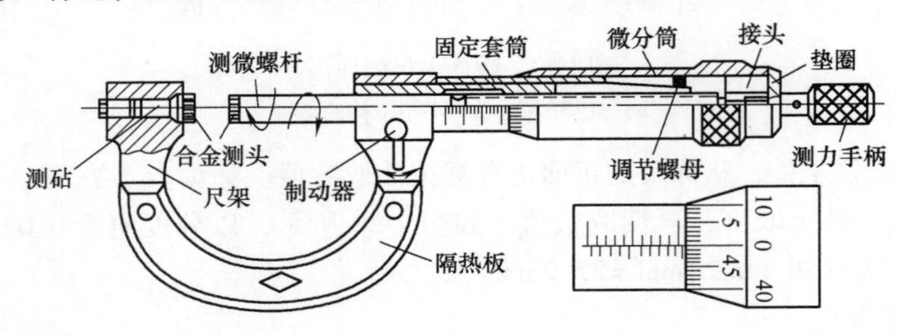

图 1-23　外径千分尺结构

2）工作原理。对于分度值为 0.01mm 的外径千分尺，根据螺旋运动原理，当微分筒旋转一周时，测微螺杆前进或后退一个螺距 0.5mm。这样，当微分筒旋转一个分度后，它转过了 1/50 周，这时螺杆沿轴线移动了 $(1/50 \times 0.5)\text{mm} = 0.01\text{mm}$，因此，使用这种外径千分尺可以准确读出 0.01mm 的数值。

（2）外径千分尺的基本操作方法　测量时，把被测工件放入两测微螺杆之间，先用固定测砧抵住被测件的一面，然后转动微分筒，直至被测件的另一面与活动测微螺杆快要接触（2 ~ 3mm）时，就停止旋转微分筒；此时，再旋转测力手柄，直至测力手柄处发出“咔咔咔”的三声后，即可读数。

（3）外径千分尺基本读数方法

1）以微分筒的右端面为准线，读出固定套筒下标尺标记的整数数值。

2）再以固定套筒上的水平横线为读数准线，读出微分筒上的数值。在此状态下，如果微分筒右端面与固定套筒的下标尺标记之间无半个上标尺标记，其读数为两次数值相加；如果微分筒右端面与固定套筒的下标尺标记之间有半个上标尺标记，其读数为两次数值相加后，再加 0.5mm。

3）将两次读数值相加就是工件的测量尺寸。

图 1-24 所示为千分尺读数示例，图 1-24a 所示读数为 $(16 + 0.22)\text{mm} = 16.22\text{mm}$，图 1-24b 所示读数为 $(16 + 0.5 + 0.22)\text{mm} = 16.72\text{mm}$。

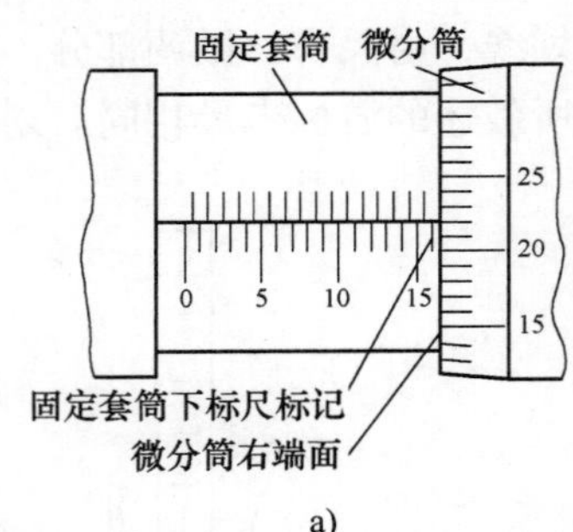

a)

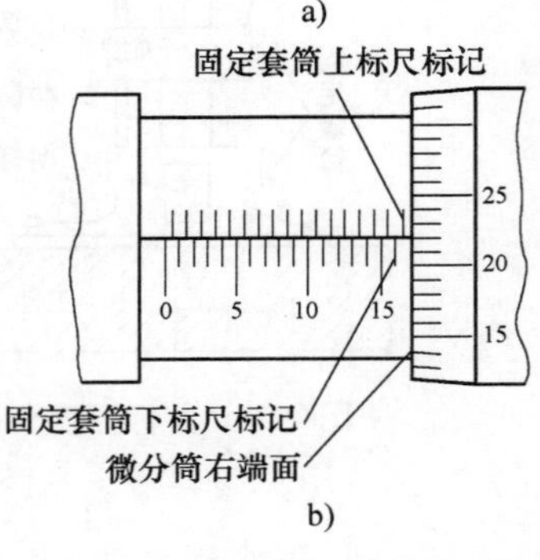

b)

图 1-24　千分尺读数示例
a）16.22mm　b）16.72mm

（4）用千分尺测量工件的步骤和方法

1）检查千分尺。如图1-25所示，松开制动器，检查测量面是否清洁；转动微分筒旋钮，检查测微螺杆转动是否正常；转动测力手柄直至打滑为止，使两测量面贴合，检查零线是否对齐。

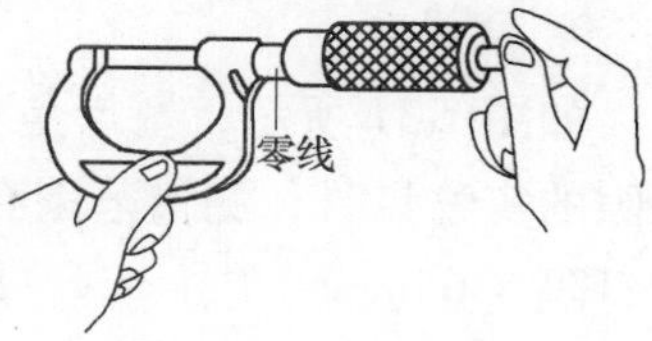

2）夹持工件。将工件置于稳定状态，如图1-26所示；左手拿住尺架，右手转动微分筒，使测量口的宽度比被测量工件的尺寸稍大；将工件置于两测量面之间，使其与测量面贴合；旋转测力手柄直到“咔咔咔”的三声为止。

图1-25　千分尺的检查

3）读数。夹住工件，从标尺的正面正视标尺标记读取数值。如不能直接读数，可固定制动器，使测微螺杆不动，再轻轻取下工件，之后再读数。图1-27所示为某一工件测量尺寸的示意图。

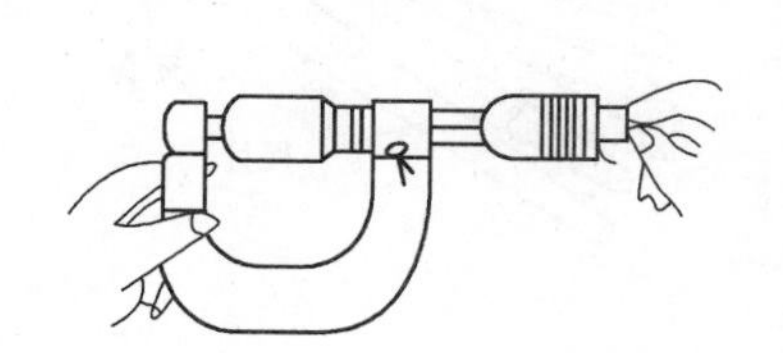

图1-26　手持千分尺

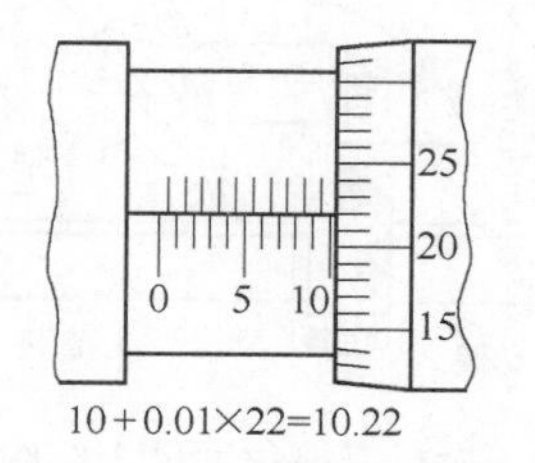

图1-27　千分尺测量举例

7. 百分表

百分表是一种利用机械传动系统，将测量杆的直线位移转变为指针在圆度盘上的角位移，并由圆度盘进行读数的测量器具，广泛用于测量工件几何误差和位置误差。如图1-28所示，测量时，测量杆移动1mm，长指针正好回转一圈。在百分表的表盘上沿圆周有100等分格，其分度值为1mm/100＝0.01mm。测量时，大指针转过1格，表示工件尺寸变化0.01mm。注意：使用时，一般把百分表装在表架上，如图1-29所示。

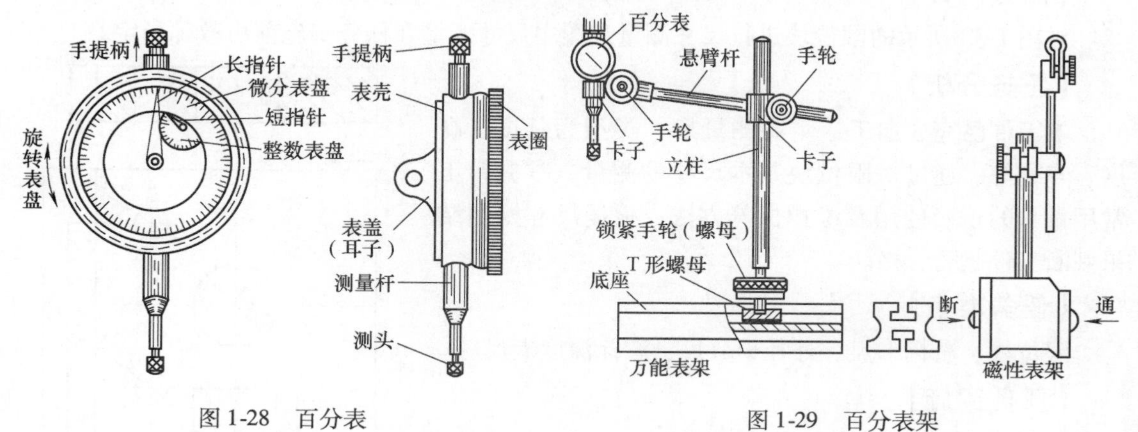

图1-28　百分表

图1-29　百分表架

8. 游标万能角度尺

游标万能角度尺是利用活动直尺测量面相对于基尺测量面的旋转，对该两测量面间分隔的角度利用游标原理进行读数的角度测量器具，可完成内、外角度的测量，测量范围为0°

~320°的外角和40°~130°的内角。标准分度值有2′和5′两种。图1-30所示为游标万能角度尺2′结构示意图。

9. 塞尺

如图1-31所示，塞尺是一种具有准确厚度尺寸的单片或成组的薄片，用于测量两表面间隙的实物量具，测量范围有0.02~0.1mm和0.1~1mm两种。前者每隔0.01mm一片，后者每隔0.05mm一片。

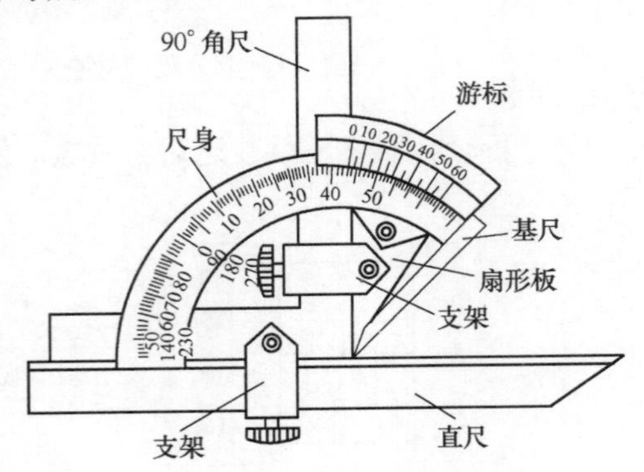

图1-30 游标万能角度尺2′结构示意图

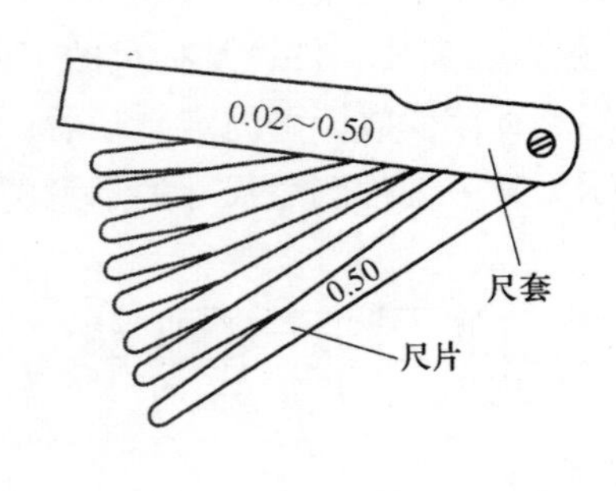

图1-31 塞尺

使用时，应根据被测两平面间隙的大小，先选用较薄的一片插入到被测间隙内，若其仍有间隙，则应选用上一档较厚的插入，直至恰好塞进间隙而不松不紧，则该片塞尺的厚度即为被测间隙的大小。

1.4 技能训练

【任务内容】

对图1-32所示的限位块进行尺寸测量，图中尺寸变量在任务实施前由教师指定。

【任务分析】

本工件已完成加工，主要测量尺寸类型为长度、高度、直径等。通过对限位块基本尺寸的测量，掌握钳工常用量具的正确使用及维护保养方法；根据尺寸检测结果判断工件是否合格。

【任务准备】

限位块、游标卡尺、外径千分尺、游标深度卡尺等。

【任务实施】

用游标卡尺测量出11mm、12mm、15mm、ϕd_1、ϕd_2、ϕd_3、h_1、h_2、h_3、h_4的尺寸。

用外径千分尺测量出13mm、14mm、b_1的尺寸。

对量具进行维护保养。

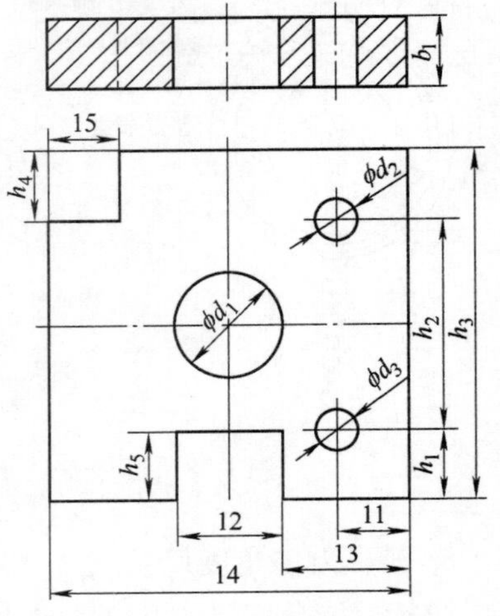

图1-32 限位块的尺寸测量

【注意事项】

测量前，将测量面与被测量面擦净。

量具要轻放，不得与工件混放在一起。

量具使用结束后要擦净并涂油，放在指定处。

其他未尽事项按量具维护保养规定执行。

【任务评价】

限位块尺寸测量记录评价表见表1-1。

表1-1　限位块尺寸测量记录评价表　（单位：mm）

序　号	尺　寸	尺寸公差	实测值	合格与否
1	11	±0.1mm		
2	12			
3	15			
4	ϕd_1			
5	ϕd_2			
6	ϕd_3			
7	h_1			
8	h_2			
9	h_3			
10	h_4			
11	13	±0.05mm		
12	14			
13	b_1			

复习思考题

1-1　试述台虎钳的正确使用方法。

1-2　试述使用砂轮机的注意事项。

1-3　试述游标卡尺的读数方法。

1-4　试述外径千分尺的读数方法。

1-5　试述塞尺的读数方法。

1-6　试述台式钻床、砂轮机及常用量具的安全操作规程要点。

1-7　试述钳工工作的主要内容。

第 2 章　划 线 操 作

【学习要点】

划线的作用及常用工具。

划线基准的选择及基本划线方法。

利用划线工具正确划线。

2.1　划线概述

划线是指根据图样要求，在毛坯或工件上用划线工具划出待加工部位的轮廓线或作为基准的点、线、面。划线分为平面划线和立体划线两种。

1. 平面划线

平面划线只在毛坯或工件的一个平面上划线，以表示界限，如图 2-1a 所示。一般情况下，在板类、盘类零件上的一个面上划线都属于平面划线。

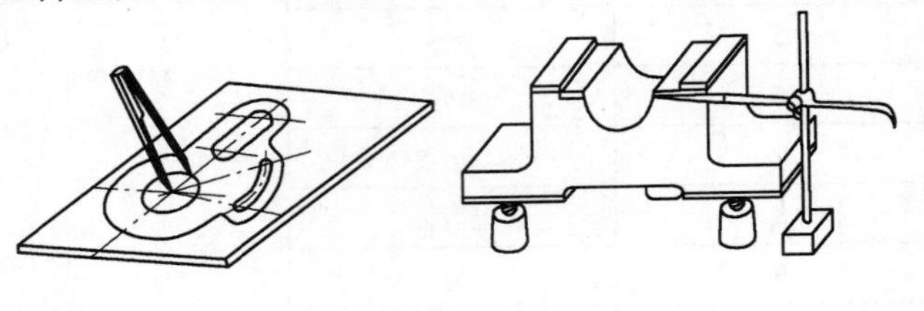

图 2-1　划线图

a）平面划线　b）立体划线

2. 立体划线

在一个实体零件的不同表面上划线，以明确其相互位置关系，如图 2-1b 所示。

3. 划线的作用

（1）确定工件的加工余量。

（2）便于复杂工件在机床上安装，可以按划线找正定位工件。

（3）及时发现和处理工件毛坯的缺陷。

（4）通过借料划线方式可以弥补毛坯缺陷。

2.2　常用划线工具的种类及其使用方法

2.2.1　划线工具的种类

1. 基准工具

划线的基准工具主要有划线平板、方箱、V 形铁、角铁、弯板及各种分度头等。

2. 量具

量具有金属直尺、游标高度卡尺、游标万能角度尺、直角尺及卷尺等。

3. 绘划工具

绘划工具有划规、划线盘、游标高度卡尺、划针、平尺、曲线板、锤子及样冲等。

4. 辅助工具

辅助工具包括垫铁、千斤顶和C形夹等。

2.2.2 常用划线工具的使用方法

1. 划线平板

如图2-2所示，划线平板一般是由铸铁制成，是划线或检测的基准，它的工作表面应保持水平，要保持清洁，不能用硬质的工件或工具敲击工作表面。

2. 方箱

如图2-3所示，方箱一般是由铸铁制成，各表面经过精密加工且六个面成直角。工件一般夹在方箱的V形槽中，能划出三个方向的垂直线。

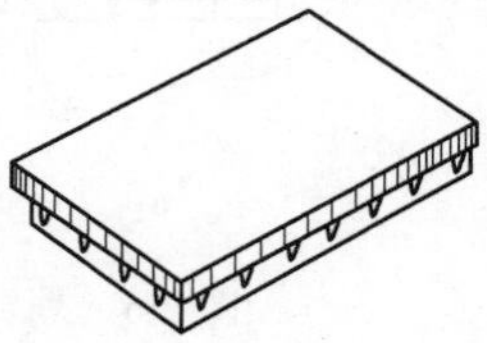

图2-2 平板

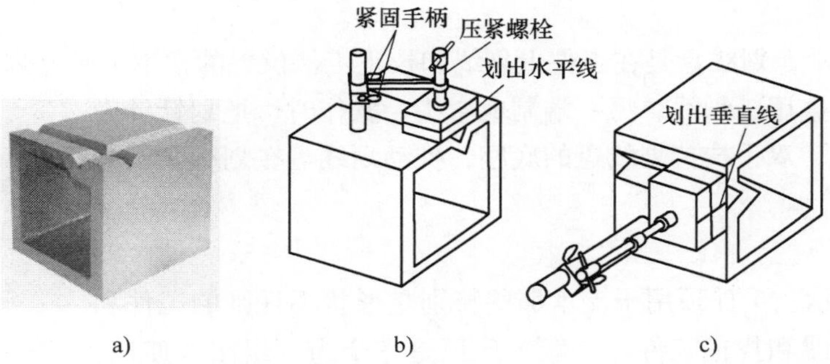

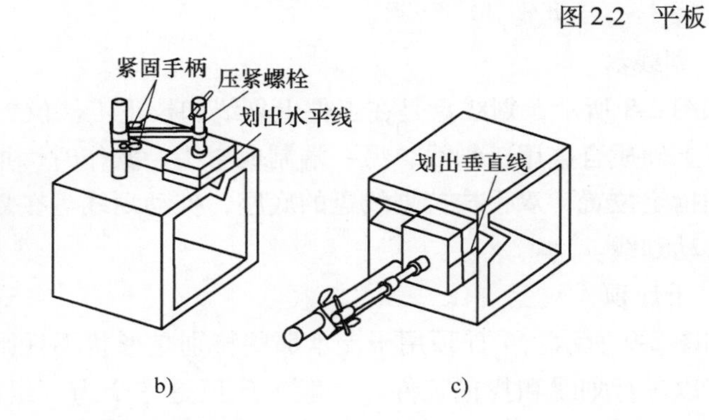

a) b) c)

图2-3 方箱及其应用

a）未装夹工件前的方箱 b）在方箱上划水平线 c）在方箱上划垂直线

3. 划规

如图2-4所示，划规由工具钢或不锈钢制成，两规脚尖较硬，可以用于划圆、划切分线段、测两点距离等。划规分为普通划规、扇形划规和弹簧划规三种，如图2-4a、b、c所示。

4. 划针

如图2-5所示，划针由高速钢或弹簧钢制成，其尖端较硬，用来在被划线的工件表面沿着金属直尺或样板进行划线。划针有直划针与弯头划针之分。图2-6所示为划针的使用方法。

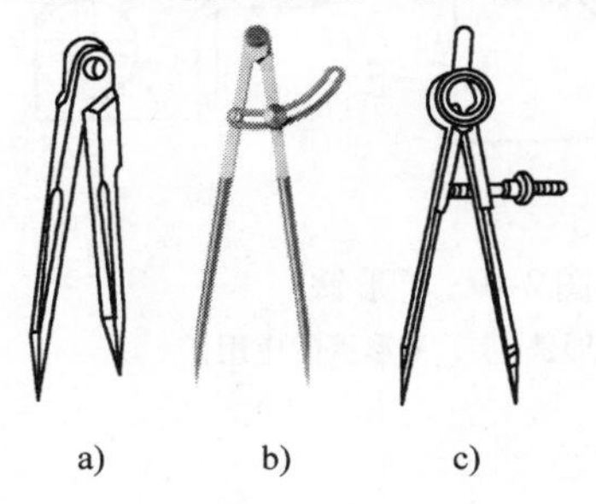

a) b) c)

图2-4 划规

a）普通划规 b）扇形划规 c）弹簧划规

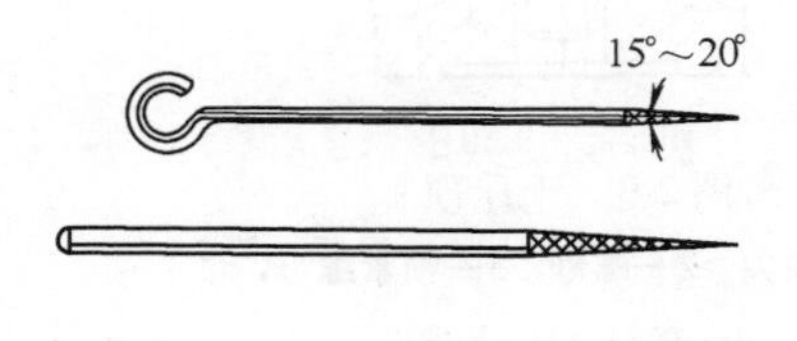

图2-5 划针

5. 样冲

如图 2-7 所示，样冲一般由工具钢制成，用来在已划好的线上冲眼，以确定划线标记和确定中心位置等。

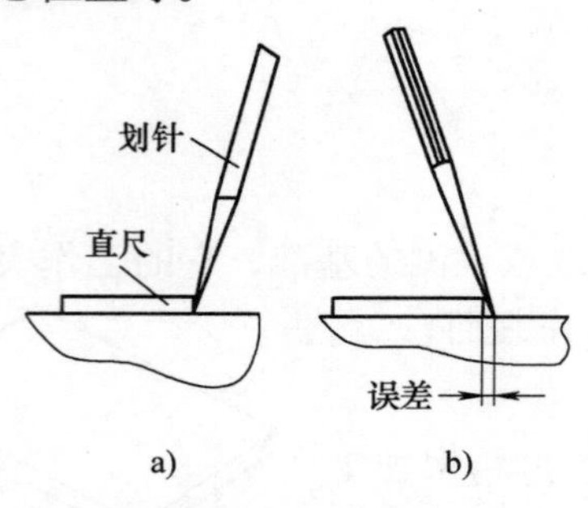

图 2-6 划针的使用方法

a）正确 b）不正确

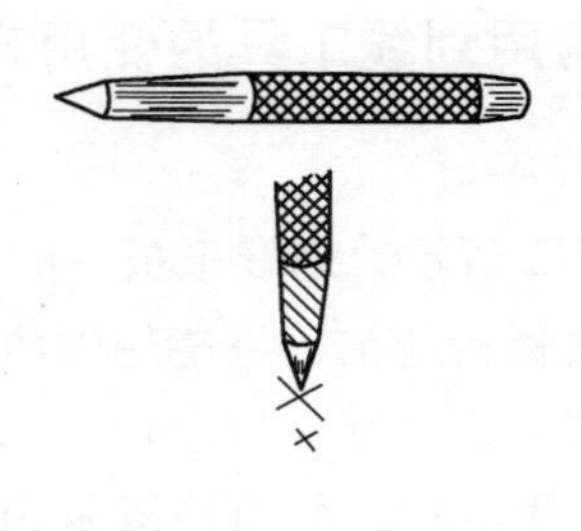

图 2-7 样冲

6. 划线盘

如图 2-8 所示，划线盘是在工件上划线和校正工件位置的常用工具。划线盘的划针一端一般焊上硬质合金用于划线，另一端制成弯头。操作时，把划针针尖调整到指定位置，双手扶持划线盘的底座，推动划线盘在划线平板上平行移动划线。

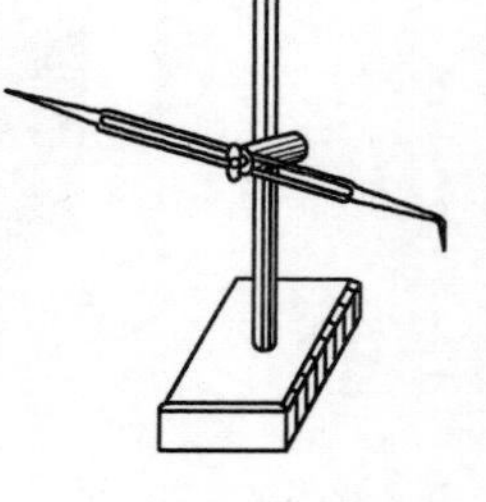

图 2-8 划线盘

7. 千斤顶

如图 2-9 所示，千斤顶用于支承那些特别是形状不规则的工件和毛坯，以进行划线和找正工件。一般千斤顶是三个为一组组合使用，以保证支承的稳定性。

8. V 形铁

如图 2-10 所示，V 形铁一般由铸铁制成，主要用于支承轴、圆套及圆盘等工件，便于找正中心和划中心线。

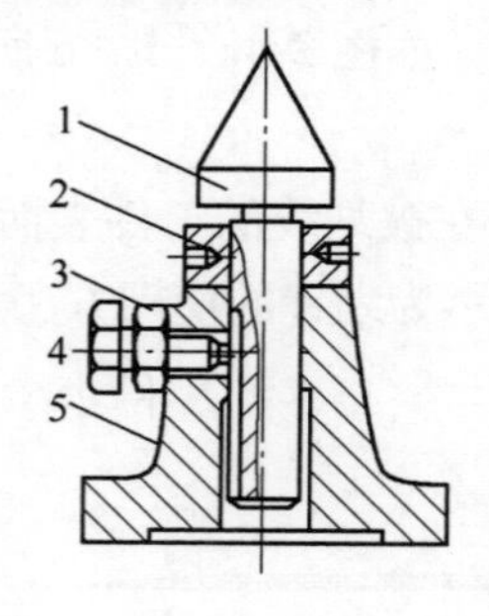

图 2-9 千斤顶

1—顶尖 2—螺母 3—锁紧螺母 4—螺钉 5—基座

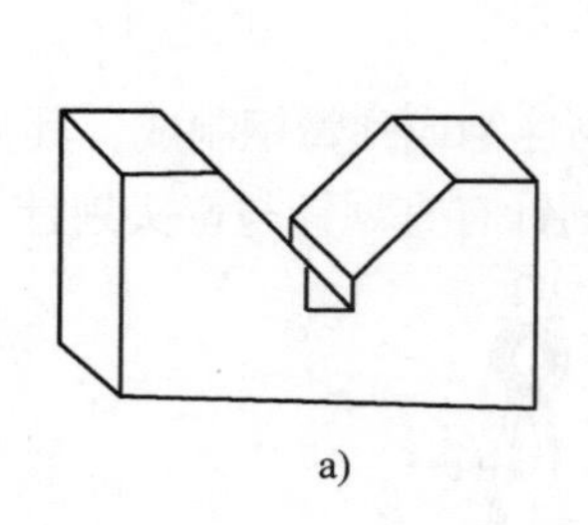

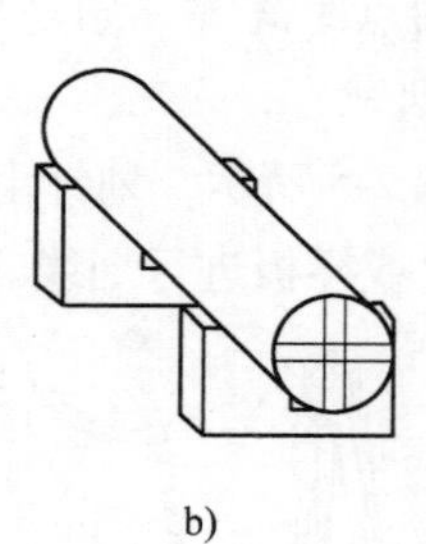

图 2-10 V 形铁

a）V 形铁 b）V 形铁的应用

9. C 形夹

如图 2-11 所示，划线时 C 形夹用来固定工件。

10. 角铁

如图2-12所示，角铁一般由铸铁制成，它的两个面互相垂直。角铁上的槽或通孔用于安装螺栓，以夹紧工件。

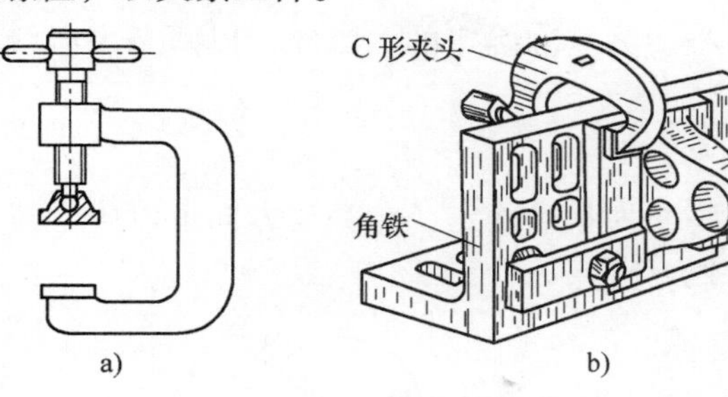

图2-11　C形夹
a）C形夹　b）C形夹与角铁配合

图2-12　角铁

11. 垫铁

如图2-13所示，垫铁是用于支承和垫平工件的工具。

12. 直角尺

如图2-14a所示，直角尺用来配合划针等工具进行划线。图2-14b所示为直角尺的应用。具体使用时，其中的一条直角边要靠在被划线工件的基准面上。

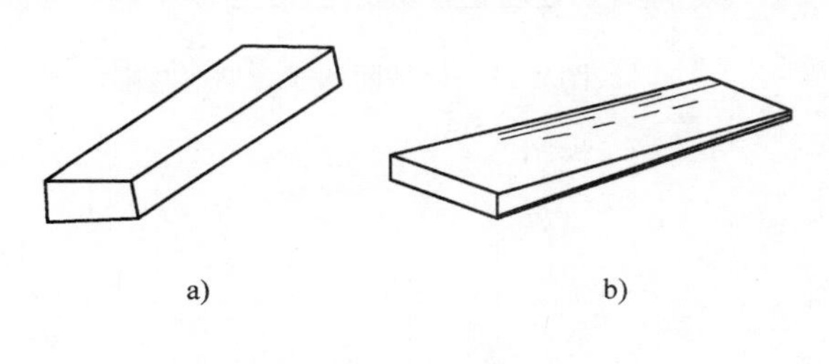

图2-13　垫铁
a）平垫铁　b）斜垫铁

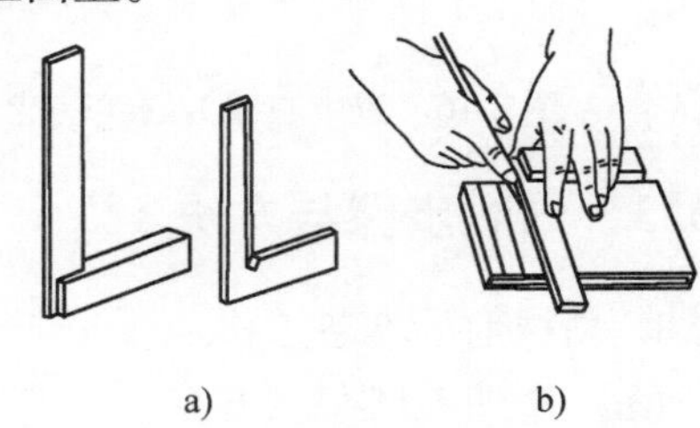

图2-14　直角尺
a）直角尺　b）直角尺的应用

2.3　划线基准选择及基本划线方法

2.3.1　划线基准

划线基准是指划线时选择工件上的某个点、线、面作为基准依据，来确定工件上的各部分尺寸、几何形状及工件上的各要素。

2.3.2　划线基准的选择

1. 以两个互相垂直的平面或线为划线基准

如图2-15所示的孔和槽的设计基准分别为*A*、*B*面，每个方向的尺寸都是以这两个面为基准来确定的，因此，以此两个面为划线

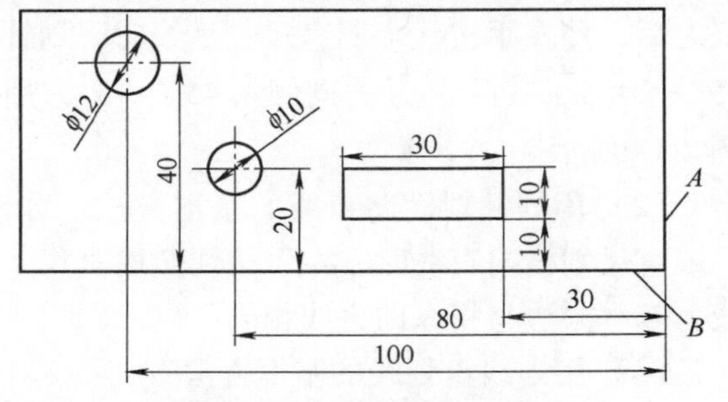

图2-15　以平面为划线基准

基准较为合适。

2. 以两条中心线为划线基准

如图 2-16 所示，许多尺寸都是以两条中心线为基准确定的，因此，以两条中心线为划线基准较为合适。

3. 以一个平面和一条中心线为划线基准

如图 2-17 所示，该工件在高度方向上以底面为基准确定，在宽度方向上以中心线为基准确定，因此以该底面和中心线为划线基准较为合适。

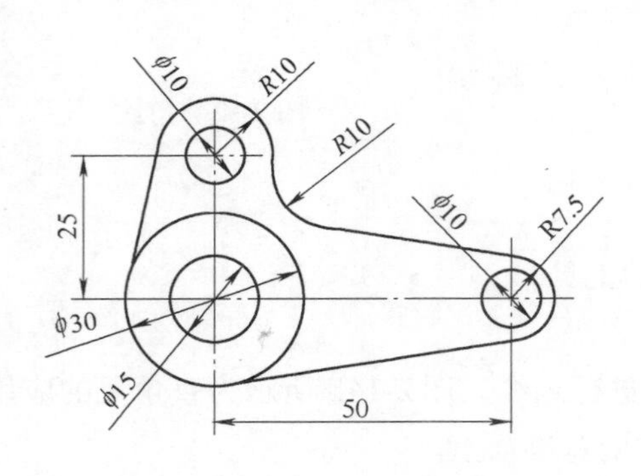

图 2-16 以中心线为划线基准

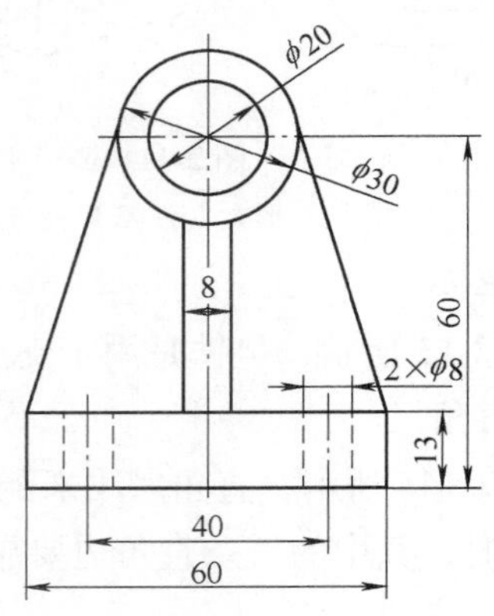

图 2-17 以平面和线为划线基准

2.3.3 划线步骤与方法

1. 划线前的准备工作

（1）清理毛坯。

（2）确定划线基准。

（3）确定借料的方案。

（4）在要划线的部位涂上涂料。

（5）修磨划针。

（6）清理划针。

（7）准备其他工具。

2. 开始划线

（1）用划针划纵向直线的基本方法　如图 2-18 所示，在平板上划线时，金属直尺放置好之后，用左手按住金属直尺；划线时，划针尖紧贴在金属直尺的直边，划针上部向外倾斜 15°~20°，向划针运动方向倾斜 45°~75°，用力适当，一次划线成功，不重划。划线方向如图 2-19 所示。

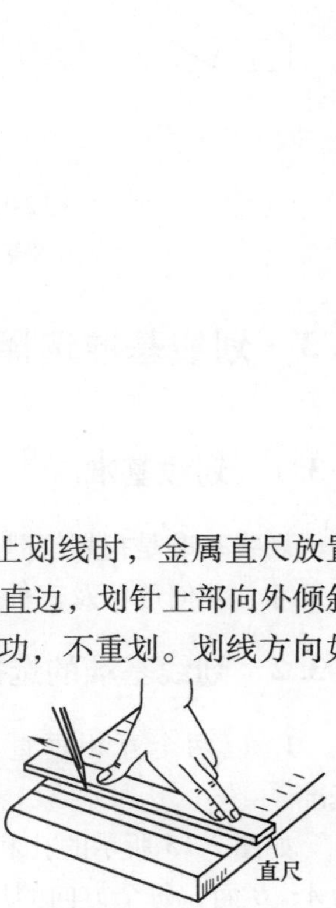

（2）用划针划横向直线的基本方法　如图 2-20 所示，用角尺或直尺划横向直线时，左手按住金属直尺，划线时从下向上划线，基本方法与划纵向直线相同。

直尺

图 2-18 划纵向直线

（3）用划线盘划线的基本方法

1）粗调及紧固。如图 2-21 所示，在已知划线尺寸的情况下，松开蝶形螺母，针尖向下对准金属直尺的标记；之后，旋紧蝶形螺母，用锤子轻击紧固。

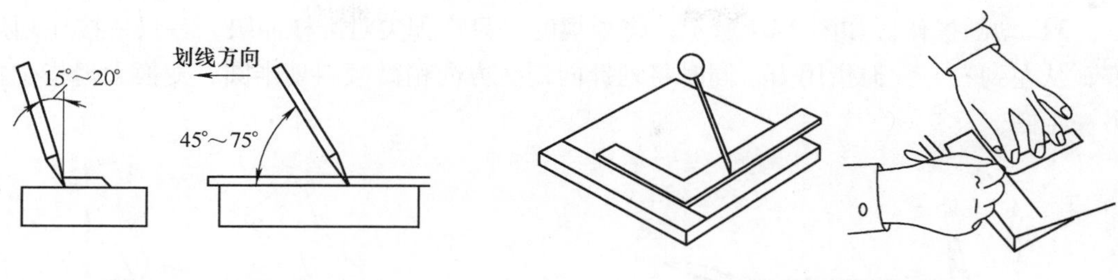

图2-19 划线方向　　图2-20 划横向直线

2）精调及紧固。有时需要准确的工件尺寸，则需要进行再微调。此时，应使划针紧靠金属直尺的标记，用左手紧紧按住划针底座，同时用锤子轻轻敲击，使划针针尖正确地接触到标尺标记，再次紧固蝶形螺母，如图2-22所示。

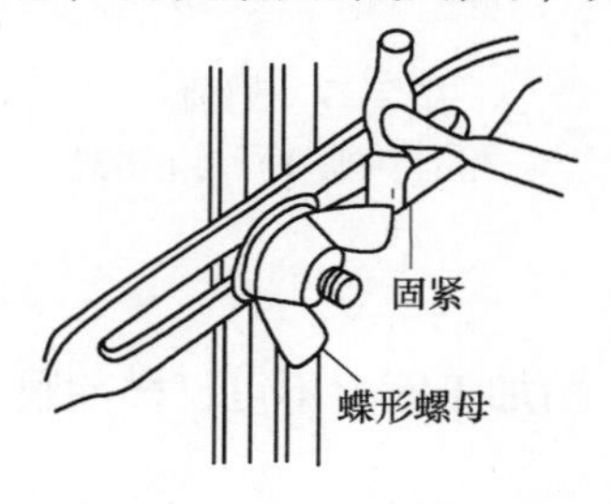

图2-21 粗调及紧固

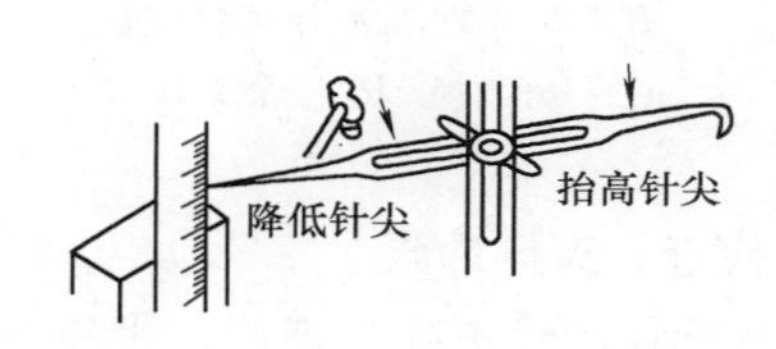

图2-22 精调及紧固

3）紧固之后的划线。如图2-23所示，左手握住工件以防止其移动，并保持划针与工件台垂直。用右手握住划线盘底座，把它放在工作台上。使划针向划线方向倾斜15°，如图2-24所示。按划线方向移动划线盘，使划针尖在工件表面上划出所需要的线。

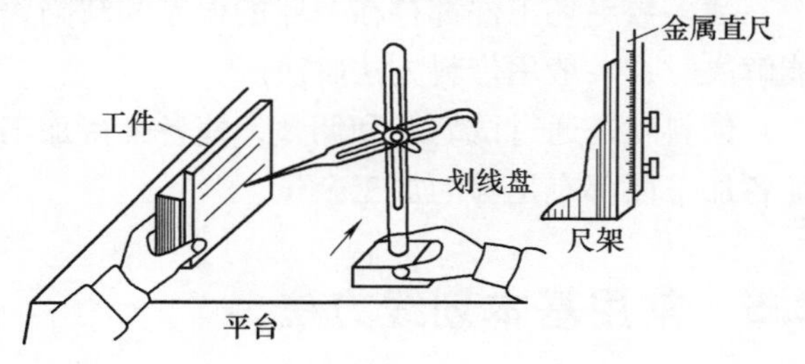

图2-23 划线

（4）划圆的基本方法

1）检查圆规或划规是否有损坏，规脚尖是否磨损。在圆规或划规的圆心处，用样冲及锤子打眼，如图2-25所示。

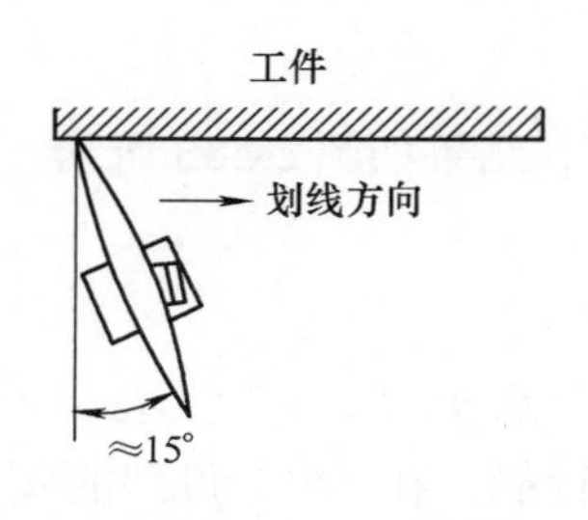

图2-24 划线方向

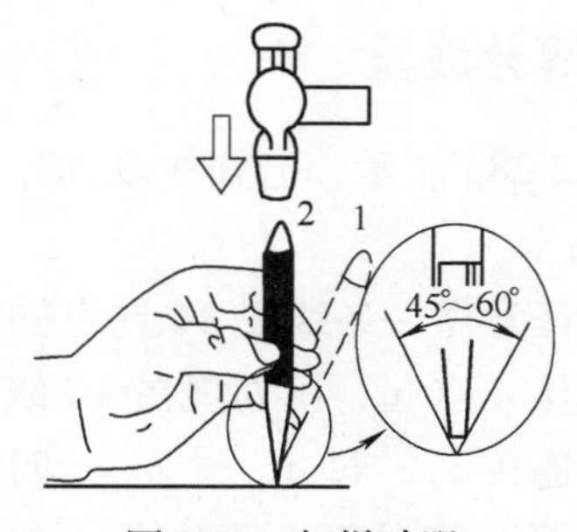

图2-25 打样冲眼

2）将圆规或划规张开至指定的尺寸，如图2-26所示；圆规或划规张开的尺寸用金属直尺校对；当尺寸要求较准确时，可轻轻敲打圆规脚，使两脚对准金属直尺的标尺标记。

3）划圆操作。如图2-27所示，将划规的一只规脚尖对准样冲眼，一只手按住划规的头部；从左到右，大拇指用力，同时将划针向划线方向稍微倾斜划半圆；变换大拇指位置，划另一半圆。

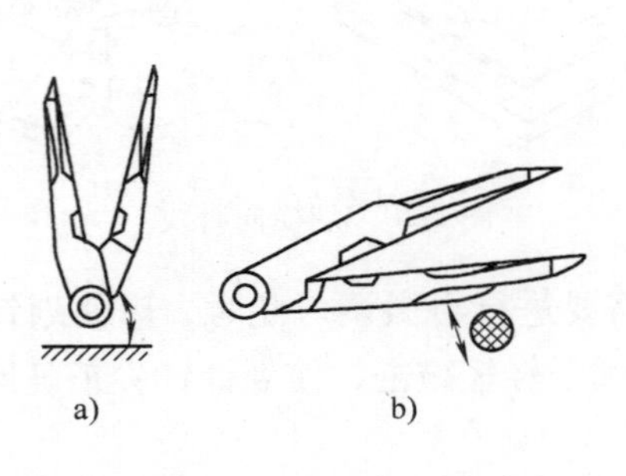

图2-26　划规张开与合拢
a）打开划规　b）合拢划规

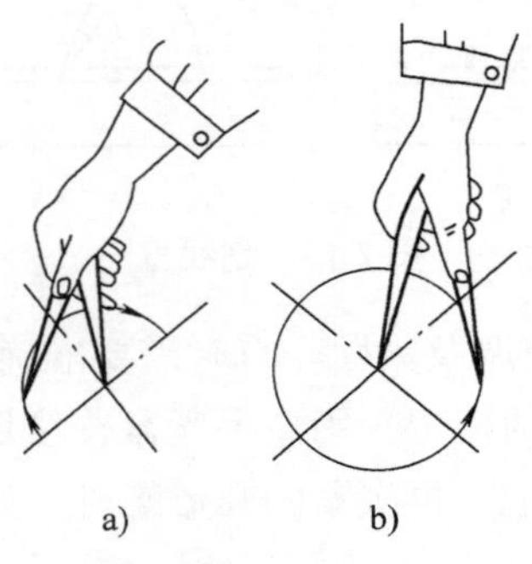

图2-27　划圆
a）划上半圆　b）划下半圆

3. 检查、打样冲眼

检查所划的线正确与否；在线条上打样冲眼。注意，精加工面上不可打样冲眼。

2.4　借料

大多数毛坯工件都存在一定的误差和缺陷，当形状、尺寸和位置上的误差用找正方法不能解决时，一般用借料方法解决。

借料就是通过试划线和调整，使各个待加工面的加工余量合理分配、互相借用，从而保证各加工面都有足够的加工余量。

2.5　常用基本划线方法

划线方法其实质就是几何图形的构成。常用的划线基本方法如下。

2.5.1　等分线段

如图2-28a所示，已知线段AB，把该线段等分成5段，结果如图2-28b所示。

步骤：

（1）任意做一条线段AC与已知线段AB成一定的夹角。

（2）从A点起，用划规在AC线段上任意截取五个等分点a、b、c、d、e。

（3）连接Be，过d、c、b、a四个点分别作$B'e$的平行线，在AB上得到的a'、b'、c'、d'，即为线段AB的五个等分线段的四个等分点。

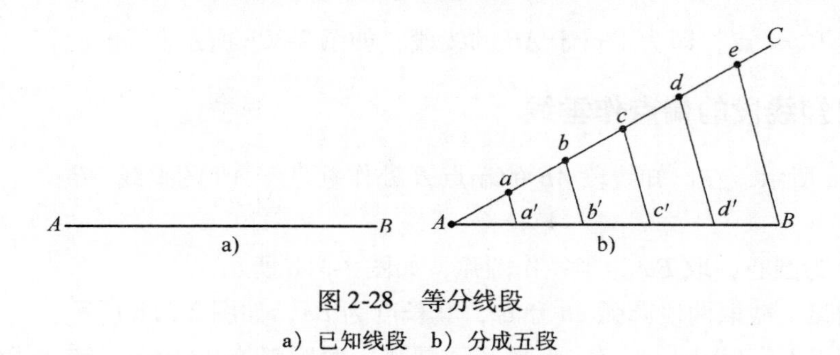

图 2-28 等分线段

a）已知线段 b）分成五段

2.5.2 作与线段定距离的平行线

如图 2-29a 所示，已知线段 AB，作一条平行线，距离 AB 线段的距离为 d。

步骤：

（1）在线段 AB 上任意取两点 1、2。

（2）分别以 1、2 点为圆心，d 为半径（$R=d$）同侧画圆，如图 2-29b 所示。

（3）作两圆弧的切线 ab，ab 即为所求的平行于 AB 且距 AB 为 d 的平行线，如图 2-29b 所示。

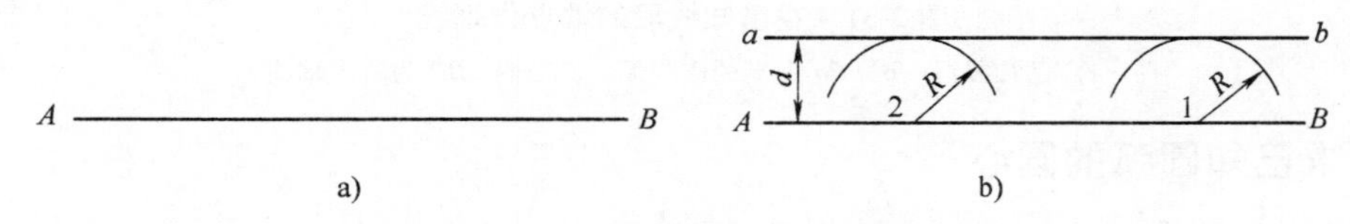

图 2-29 作与线段定距离的平行线

a）已知线段 b）作平行线

2.5.3 过线外一点作已知线的平行线

如图 2-30a 所示，已知线段 AB 及线外一点 P，作一条线段过 P 点且与 AB 平行。

步骤：

（1）以直线 AB 上的点 1 为圆心，线段 $1P$ 为半径作圆，交线段 AB 于 2、3，如图 2-30b 所示。

（2）以直线 AB 上的点 3 为圆心，以线段 $2P$ 为半径作圆，交于以 $1P$ 为半径的圆上 4 点位置，如图 2-30c 所示。

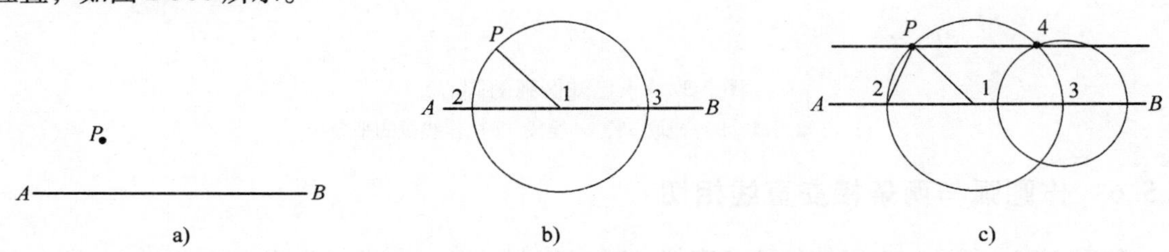

图 2-30 过线外一点作已知线的平行线

a）已知线段 b）$1P$ 为半径作圆 c）$2P$ 为半径作圆

（3）连接 P、4 点，即为平行于 AB 的线段，如图 2-30c 所示。

2.5.4 在已知线段的端点作垂线

如图 2-31a 所示，在已知线段 AB 的端点 B 处作垂直于 AB 的垂线 BP。

步骤：

（1）以 B 为圆心，取 Ba 为半径作圆弧，如图 2-31b 所示。

（2）在圆弧上截取两段圆弧 ab 和 bc，其长度为 Ba，如图 2-31b 所示。

（3）分别以 b、c 为圆心，Ba 为半径画圆弧，两圆弧交于 P 点，连接 BP 即为所求垂线，如图 2-31c 所示。

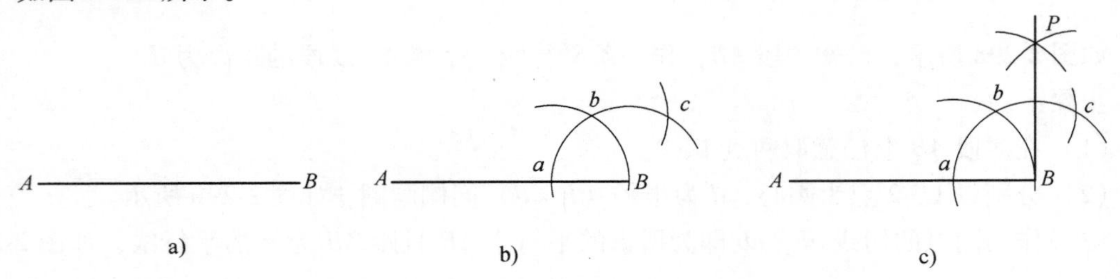

图 2-31 在已知线段的端点作垂线

a）已知线段 b）Ba 为半径作圆弧 c）连接 BP 为所求垂线

2.5.5 求已知圆弧的圆心

如图 2-32a 所示，已知圆弧 AB，求该圆弧的圆心。

步骤：

（1）在已知圆弧 AB 上任意画 ab、cd 两条线段，如图 2-32b 所示。

（2）分别作 ab、cd 两条线段的垂直平分线，相交于 O 点，如图 2-32c 所示。

（3）O 点即为圆弧 AB 的圆心，如图 2-32c 所示。

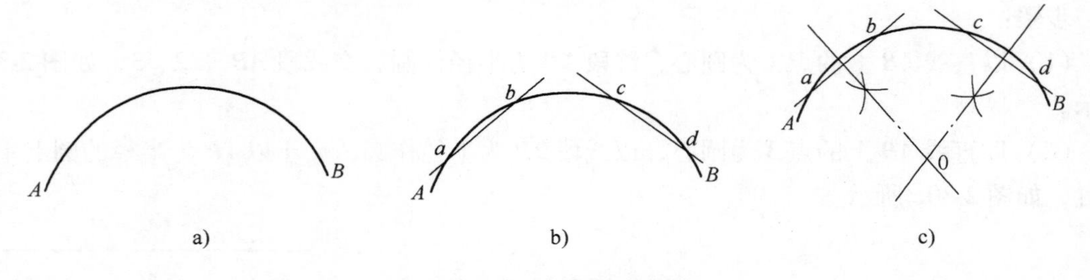

图 2-32 求已知圆弧的圆心

a）已知圆弧 b）截取 ab、cd 线段 c）作线段的平分线

2.5.6 作圆弧与两条相交直线相切

如图 2-33a 所示，在已知的两条直线 AB、AC 之间作一个半径为 R 的圆弧并与 AB、AC 线段相切。

步骤：

(1) 作两条线，分别平行于 AB、AC 且距离 AB、AC 为 R，如图 2-33b 所示。

(2) 以两条线的交点 O 为圆心、以 R 为半径画圆弧，该圆弧即为所求圆弧，如图 2-33c 所示。

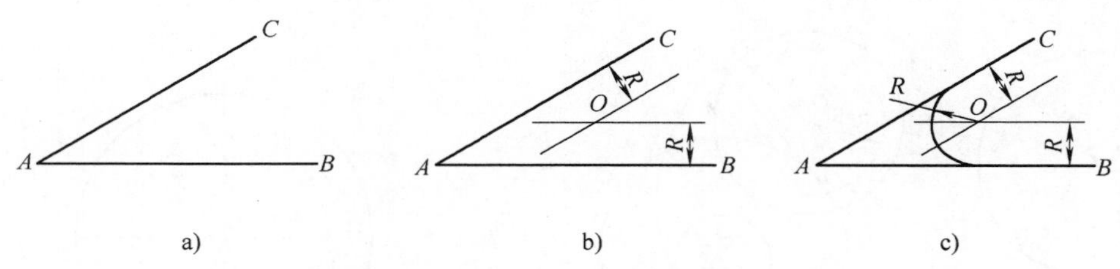

图 2-33 作圆弧与两条相交直线相切

a) 已知两条直线 b) 分别作两条平行线 c) 求出圆弧

2.5.7 作圆弧与两圆外切

如图 2-34a 所示，作一个半径为 R 的圆弧，与两个已知的圆外切。

步骤：

(1) 分别以 O_1、O_2 为圆心，以 R_1+R 和 R_2+R 为半径画圆弧，交于 O 点，如图 2-34b 所示。

(2) 以 O 为圆心，以 R 为半径画圆弧，该圆弧即为所求圆弧，如图 2-34c 所示，1、2 点即是切点。

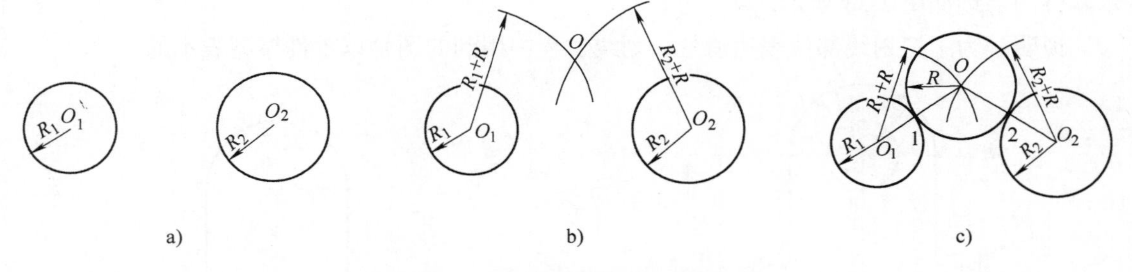

图 2-34 作圆弧与两圆外切

a) 两个已知的圆 b) 分别画圆弧交于 O c) 画与两圆相切的圆弧

2.5.8 作圆弧与两圆内切

如图 2-35a 所示，作一个半径为 R 的圆弧，与这两个已知圆内切。

步骤：

(1) 分别以 O_1、O_2 为圆心，以 $R-R_1$ 和 $R-R_2$ 为半径画圆，相交于 O、O' 两点，如图 2-35b 所示。

(2) 以 O 点为圆心，以 R 为半径画圆弧，该圆弧即为所求，如图 2-35b 所示。

2.5.9 按同一弦长等份圆周

如图 2-36 所示，在半径为 R 的圆周上作 n 等分。

步骤：

（1）计算每一等份圆弧长对应的圆心角 $\alpha = 360°/n$。

（2）计算每一等份圆弧对应的弦长 $L(AB) = 2R\sin(\alpha/2)$。

（3）用量规取 L 值划线，即可等分圆周。

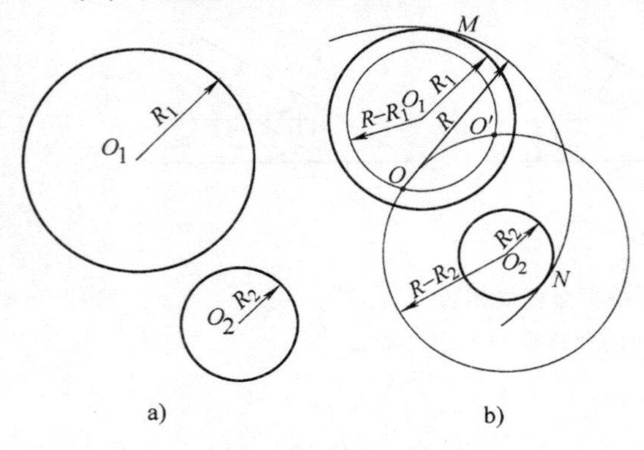

图 2-35 作圆弧与两圆内切

a）画两圆交于 O、O'两点 b）画圆弧

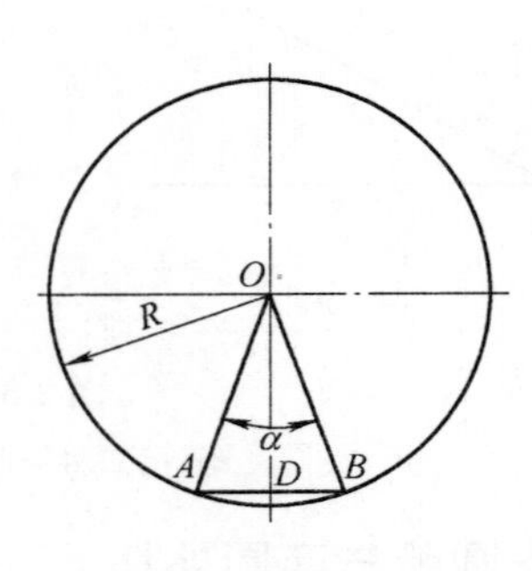

图 2-36 按同一弦长等份圆周

2.6 案例

如图 2-37 所示零件，在该零件图上标记出 2×ϕ12mm 和 ϕ50mm 孔的位置。图 2-37 所示零件的毛坯如图 2-38 所示。

说明：为了把划线部位表达清楚，划线过程中用到的图是以零件模型表示的。

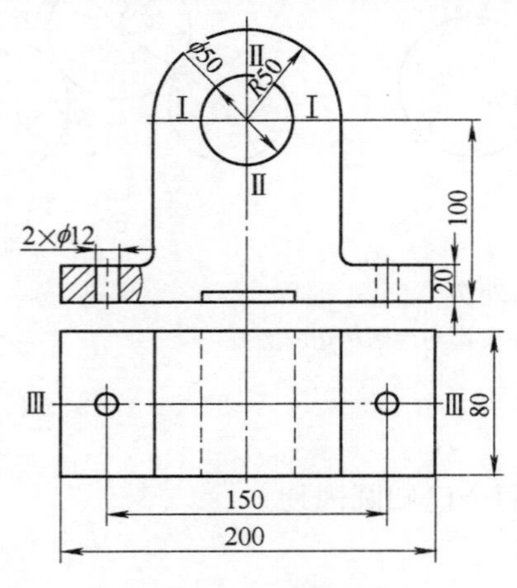

图 2-37 标记零件上的孔

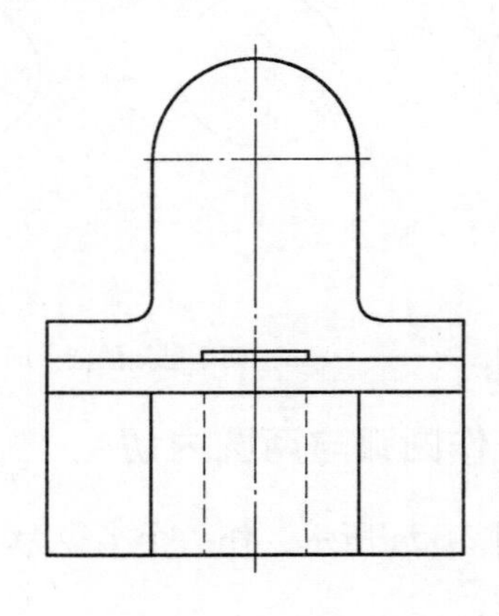

图 2-38 划线案例毛坯

步骤与方法如下。

1. 准备工作

（1）准备好划线用的工具，如划线平台、划线盘、划规、样冲、锤子、直角尺、千斤顶、三角尺及粉笔等。

（2）清洁毛坯。

（3）选择相互垂直的中心线Ⅰ—Ⅰ、Ⅱ—Ⅱ为划线基准。

（4）调节千斤顶，使工件水平放置，如图2-39所示。

2. 划线

（1）划ϕ50mm孔的水平中心线Ⅰ—Ⅰ（参照尺寸100mm），如图2-40所示。

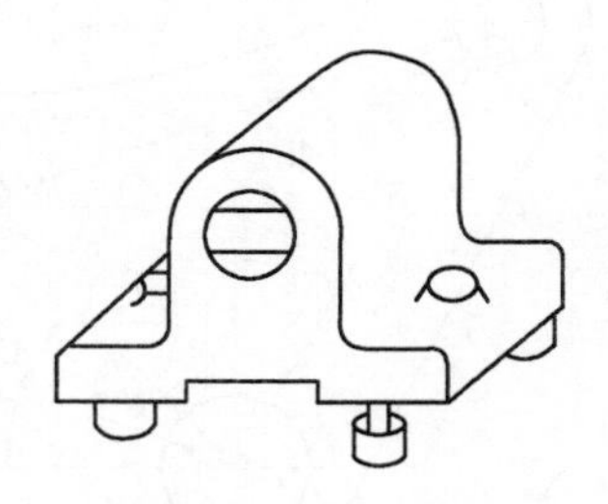

图2-39 工件水平放置

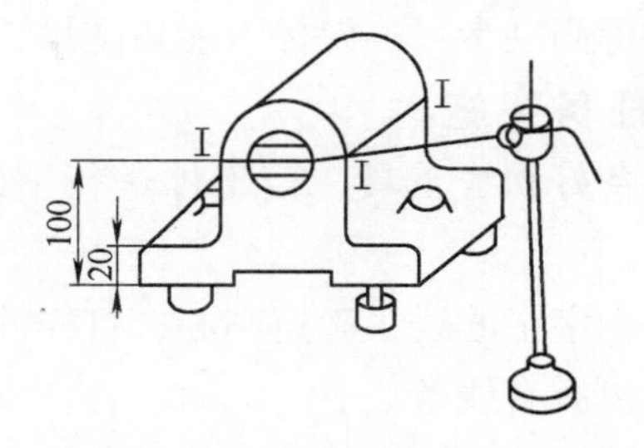

图2-40 ϕ50mm孔水平中心线

（2）划ϕ50mm孔的垂直中心线Ⅱ-Ⅱ（参照尺寸200mm）和ϕ12mm孔的长度方向定位中心线（参照尺寸150mm），如图2-41所示。

（3）划宽度中心线Ⅲ—Ⅲ（参照尺寸80mm），确保ϕ12mm孔宽度方向定位中心线，如图2-42所示。

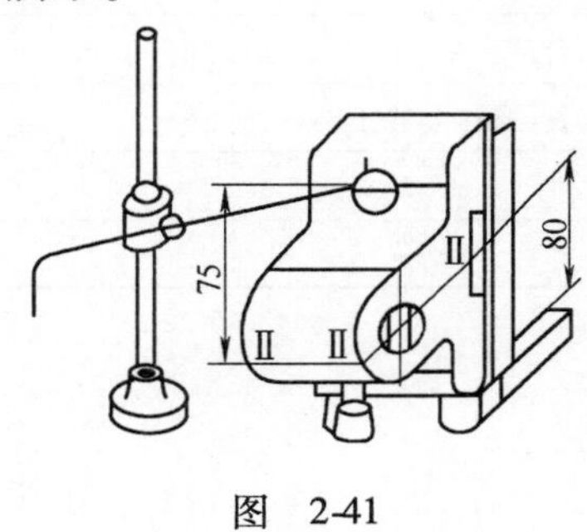

图 2-41

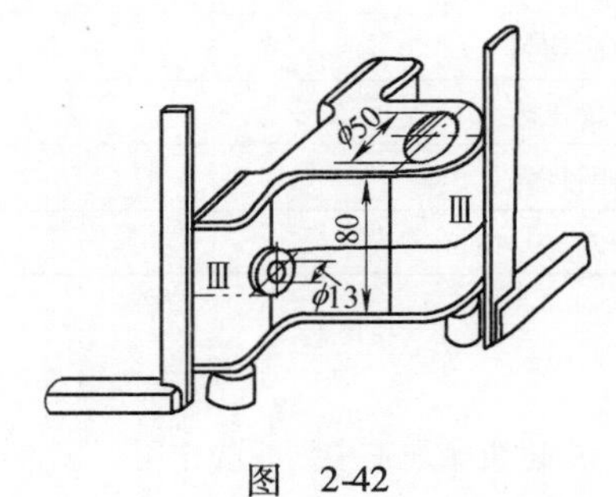

图 2-42

（4）在各交点处打样冲眼，并在各交点处划圆。

3. 查检与打样冲眼

检查各处划线是否正确，并打样冲眼。

2.7 技能训练

【任务内容】

在板料上划线，达到图2-43所示效果。

【任务分析】

本任务是需要在工件的一个平面上划线，明确直线、圆弧、圆及点的位置，明确表达出加工界限。

通过划线，明确工件各加工面的加工位置和加工余量；及时发现零件毛坯存在的问题，避免加工后造成的损失。

通过该任务的实施，掌握划线工具的正确使用方法和划线的基本方法。

【任务准备】

板料、划针、划线盘、划规、样冲、锤子、金属直尺、游标高度卡尺、游标万能角度尺、直角尺等。

【任务实施】

准备好划线工具，对工件进行清理和在划线表面涂色。

划十字中心线，确定圆心，打样冲眼后再划圆。

划出所有线条。

根据图样要求，检查所划线条的正确性，无误后打样冲眼。

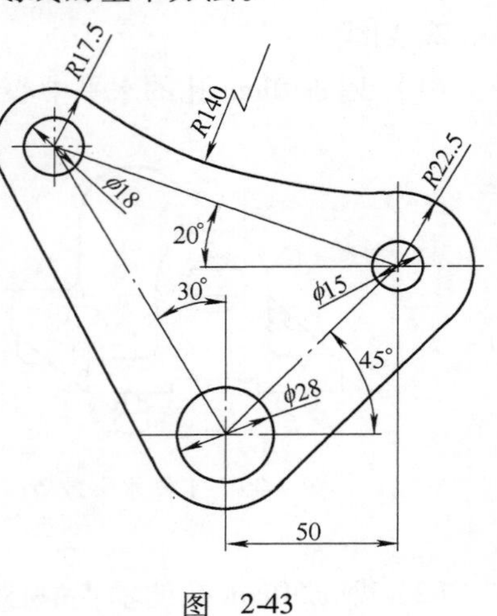

图 2-43

【任务评价】

记录评价表见表 2-1。

表 2-1 记录评价表

项目及技术要求	是否满足要求	项目及技术要求	是否满足要求
涂色薄而均匀		样冲眼分布合理	
图形位置正确		正确使用工具，操作姿势正确	
线条清晰且无重线		安全文明生产	
尺寸公差 ±0.4mm			

复习思考题

2-1 试述机械加工中划线的作用。

2-2 试述划线常用的工具。

2-3 试述划针、划线盘的正确使用方法。

2-4 试述划线基准的三种类型。

2-5 把 ϕ80mm 圆周作九等份，试进行划线操作。

第3章　錾 削 操 作

【学习要点】

錾子的种类及其应用。

能把錾削安全操作规程融入到錾削操作过程中。

平面、曲面錾削操作。

3.1　錾削工具

錾削就是用锤子打击錾子，对金属工件进行切削加工的方法。錾削一般用于难以进行机械加工的场合，如去除毛坯的凸台、毛刺，錾削平面及沟槽等。錾削工具主要有錾子和锤子。

3.1.1　錾子的种类及应用

錾子由头部、切削部分及錾身三部分组成，一般情况下，錾子分为扁錾、尖錾及油槽錾三种，如图3-1所示。

1. 扁錾

扁錾切削部分扁平，切削刃口较宽且呈弧形，一般在25mm左右。扁錾主要用于錾削平面、去除毛刺及分割板料等。扁錾应用实例如图3-2所示。

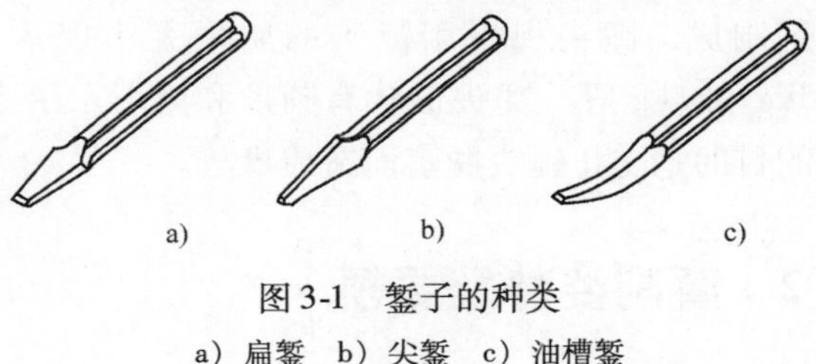

图3-1　錾子的种类

a）扁錾　b）尖錾　c）油槽錾

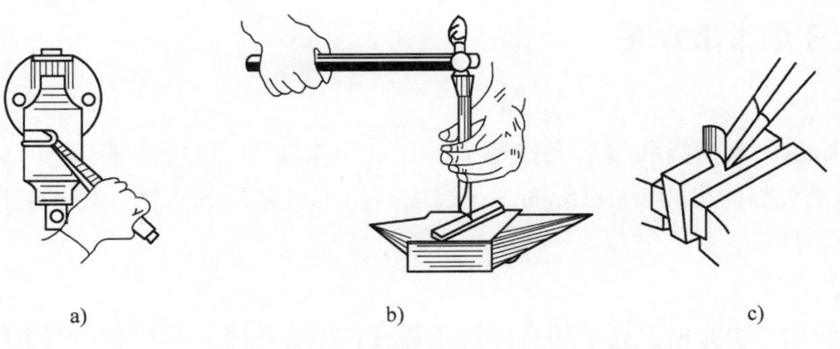

图3-2　扁錾应用实例

a）板料錾切　b）錾断条料　c）錾削窄平面

2. 尖錾

类錾切削刃较短，一般在2～10mm。主要用于錾槽和分割曲线形板料。尖錾应用实例如图3-3所示。

3. 油槽錾

油槽錾切削刃更短，切削部分做成弧状是为了方便对轴承曲面进行錾削操作。油槽錾主要用于錾削油槽。油槽錾錾削应用实例如图 3-4 所示。

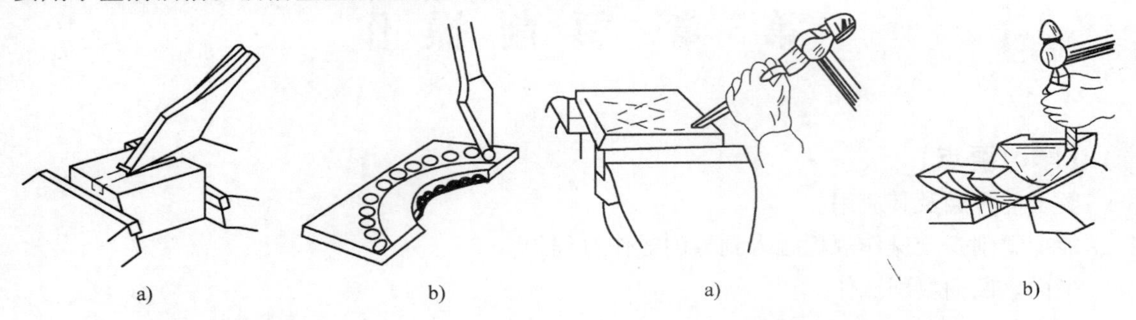

图 3-3　尖錾应用实例
a）錾削槽　b）分割曲线形板料

图 3-4　油槽錾錾削应用实例
a）平面上錾油槽　b）曲面上錾油槽

3.1.2　锤子

锤子也称榔头，是钳工常用的敲击工具，由锤头、木柄及楔子组成，如图 3-5 所示。锤子一般分为硬头锤子和软头锤子。

软头锤子的锤头一般用铜、硬木及橡胶等材料制成，多用于设备装配。錾削一般用硬头锤子。硬头锤子的锤头一般用钢制成，锤头规格用锤头的质量大小表示，有 0.25kg、0.5kg 和 1kg 等；锤头形状有圆形和方形。图中配套使用楔子的目的是防止锤头脱落而造成事故。

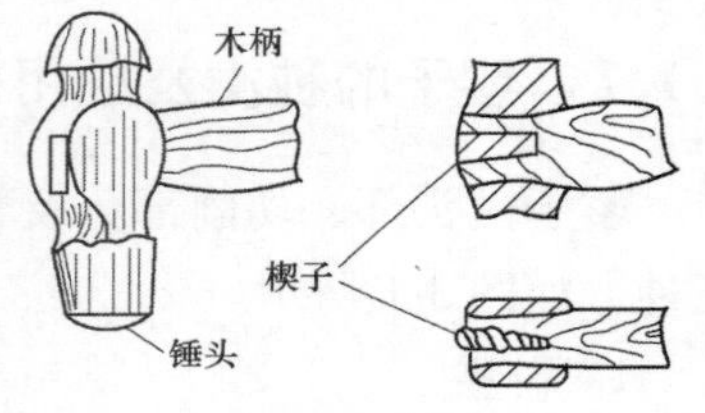

图 3-5　锤子

3.2　錾削姿势及要领

3.2.1　握錾子的常用方法

1. 正握法

如图 3-6 所示，大拇指和食指夹住錾子，其余三指向手心弯曲握住錾子，不能太用力，自然放松，錾子头部伸出约 10 ~ 15mm。正握法是钳工最常用的方法，用于錾削平面及錾切夹在虎钳上的工件。

2. 反握法

如图 3-7 所示，手心向上，手指自然握住錾身，手心悬空，錾子头部伸出约 10 ~ 15mm。这种方法用来进行少量的平面錾削和侧面錾削。

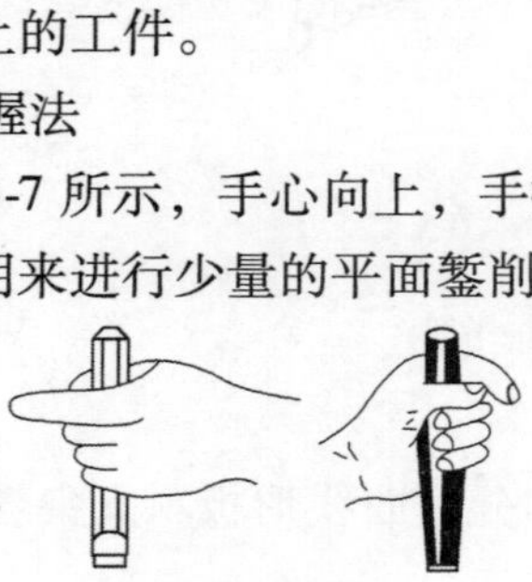

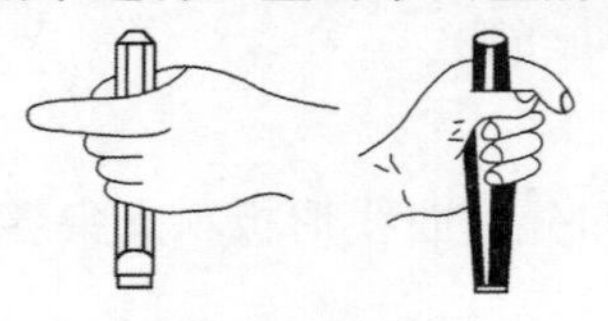

图 3-6　正握法

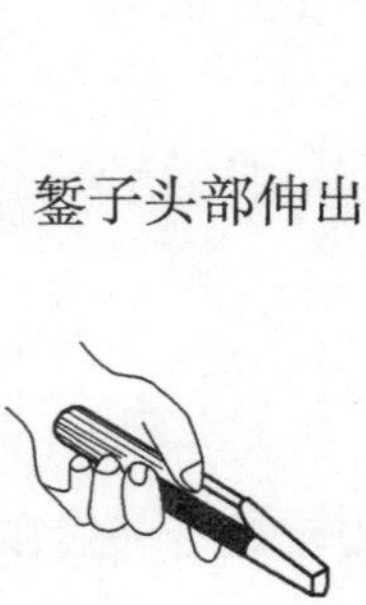

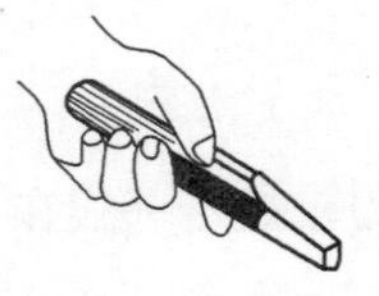

图 3-7　反握法

3.2.2　锤子的握法

如图3-8所示，锤子一般用右手的五个手指握满的方法，大拇指轻轻压在食指上，虎口对准锤头方向，木柄尾端露出约15～20mm。

在敲击过程中，有紧握法和松握法两种握锤方法。

1. 紧握法

是五个手指从举起锤子至敲击始终都保持不变，如图3-8a所示。

2. 松握法

是在举起锤子时，小指、无名指和中指依次放松，敲击时再以相反的次序依次收紧。这种操作方法的优点是手指不易疲劳，且锤击力量大，如图3-8b所示。

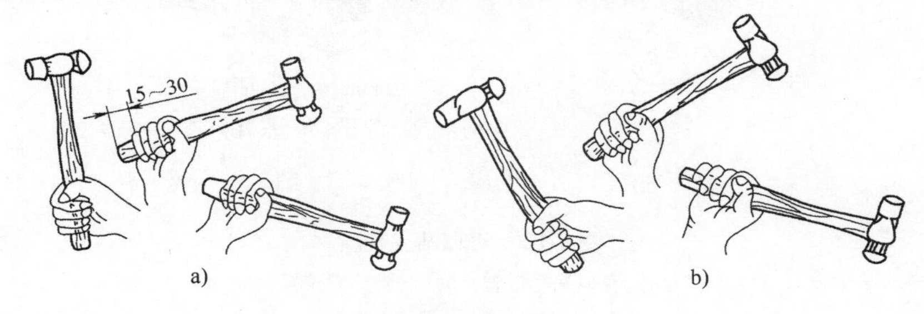

图3-8　锤子的握法
a）紧握法　b）松握法

3.2.3　挥锤方法

1. 腕挥法

如图3-9所示，腕挥法仅靠手腕的动作进行锤击运动，运动部位在腕部。锤击过程中手握锤柄，拇指放在食指上，食指和其他手指握紧手柄。腕挥法锤击力不大，一般用于錾削余量较少及錾削开始或结尾的时候。

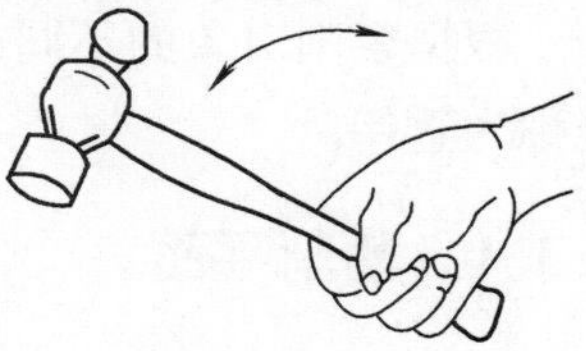

图3-9　腕挥法

2. 肘挥法

如图3-10所示，肘挥法用手腕和肘部一起挥动进行锤击运动，手腕和肘部一起运动发力。肘挥法锤击力较大，应用非常广泛。

3. 臂挥法

如图3-11所示，臂挥法挥锤时，手腕、肘部和臂部一起挥动，锤与錾子头部距离大，其锤击力最大，用于大工件的錾削。臂挥法要求技术熟练、准确，应用较少。

图3-10　肘挥法

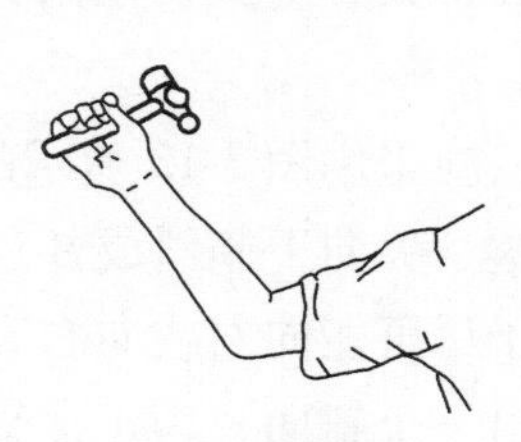

图3-11　臂挥法

3.2.4 錾削的站立位置

如图 3-12a 所示，錾削时操作者常站在台虎钳左侧，身体与台虎钳钳口纵向中心线成 45°。左腿迈出半步并弯曲，两脚之间距离 300mm，左腿与台虎钳纵向中心线成 30°，右脚与台虎钳中心成 75°。两脚站立位置如图 3-12b 所示。

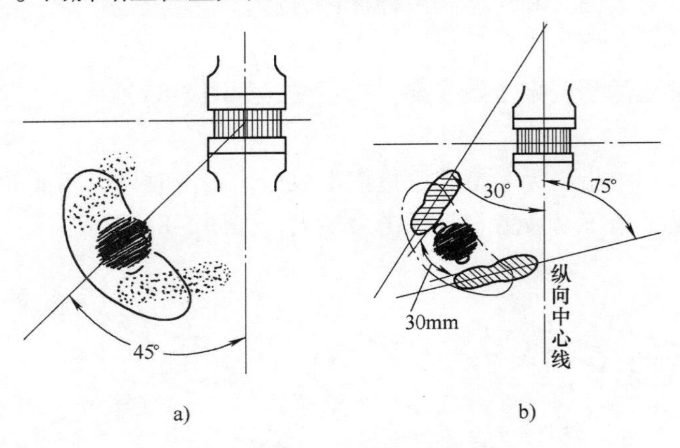

图 3-12 两脚站立位置
a）身体站立位置 b）两脚站立位置

把站立位置与挥锤方法结合，做到击锤时要目视錾子，起、落锤时手要紧握锤把；身体各部分要协调。

3.3 平面、槽及板料的錾削方法

根据錾削对象的不同，本文把平面及槽要素的錾削加工统称为錾削，把板类零件的切断统称为錾切。

3.3.1 錾削平面

錾削平面一般包括起錾、正常錾削和终錾三个过程。

1. 起錾

錾削时的起錾是有讲究的。若起錾方式不恰当，则因錾子与工件表面接触面积大，造成切削力大且工件起錾处不平整，给正常錾削带来困难。

起錾时，应采用图 3-13 所示的斜角起錾方法，即先在工件边缘尖角处，将錾子尖向下倾斜成 β 角（一般 30°左右），轻击錾子，切入材料；錾子尽可能向左或向右倾斜 α 角（约 45°左右），然后，轻击錾子，錾出一个斜面，为正常錾削奠定基础。

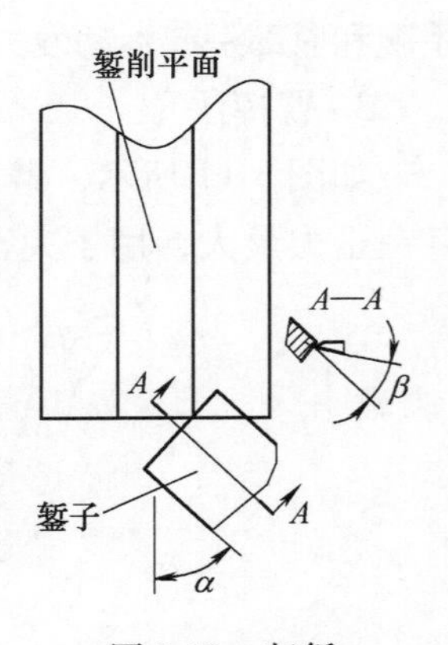

图 3-13 起錾

2. 正常錾削

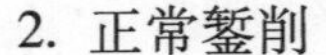

如图3-14所示，正常錾削一般每錾削两三次后，可将錾子退回一些，作一次短暂的停顿，以便观察錾削表面、錾子切削刃口的情况。

3. 终錾

当錾削快到尽头时，要防止工件边缘材料的崩裂。解决的办法是当錾削至距尽头15～20mm时，调头去錾削余下部分，如图3-15所示。

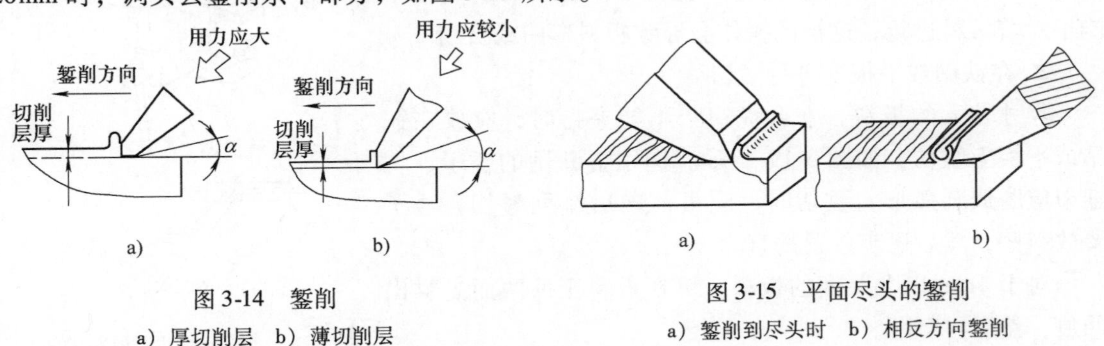

图3-14 錾削

a）厚切削层 b）薄切削层

图3-15 平面尽头的錾削

a）錾削到尽头时 b）相反方向錾削

大平面錾削方法：工件被切削面的宽度超过錾子切削的宽度时，一般先用尖錾以适当的间隔开出工艺直槽，再用扁錾将槽间的凸起部分錾平。这种方法省力、效率高且尺寸精度能得到控制，如图3-16所示。

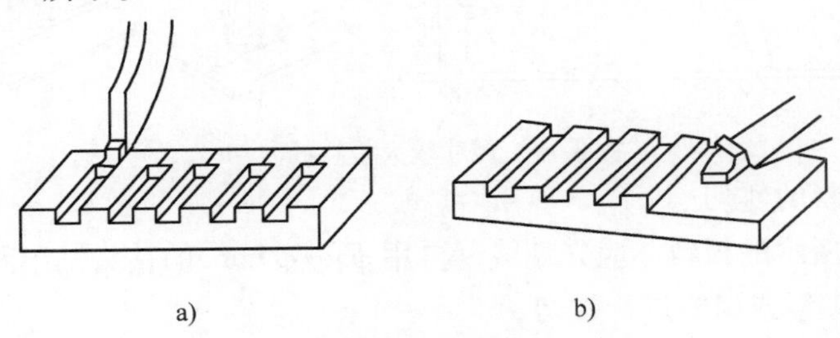

图3-16 大平面錾削方法

a）錾槽 b）錾削

3.3.2 錾削油槽

油槽的錾削如图3-17所示。根据图样上的油槽尺寸，刃磨好錾子的切削刃；在工件的油槽上划线；开始用錾子沿着划线方向錾削。

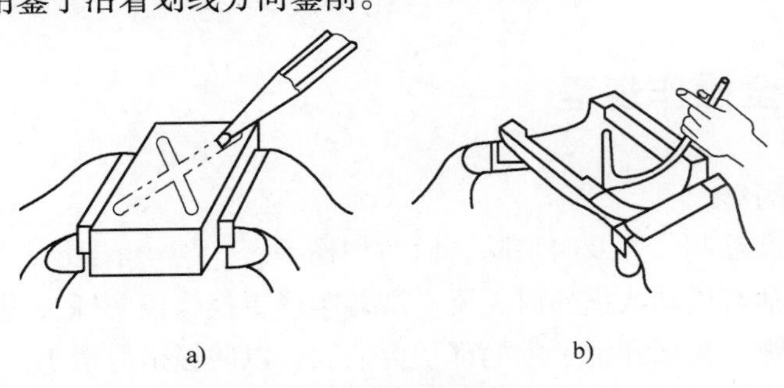

图3-17 錾削油槽

a）平面上开油槽 b）曲面上开油槽

3.3.3 錾切板料

1. 工件夹在台虎钳上的錾切

厚2mm以下板料的錾切如图3-18所示。板料要按划线与钳口装夹平齐，用扁錾沿着钳口并斜对着板料自右向左錾切。錾切时，錾子的切削刃不能正对着板料进行，这样的操作会导致板料弯曲或折断。

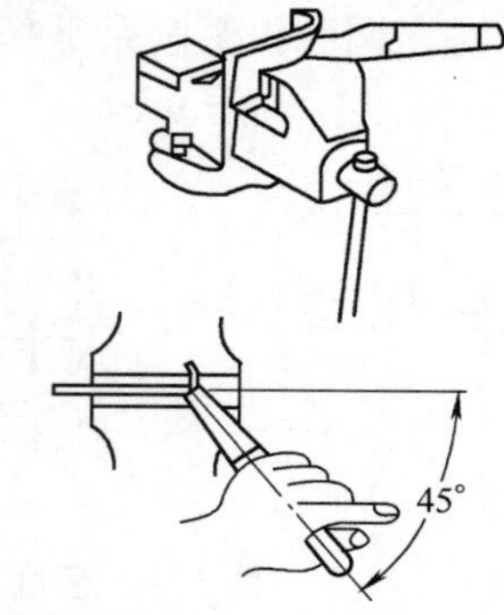

图3-18 厚2mm以下板料的錾切

2. 在铁砧或平板上进行錾切

尺寸较大的板料，在台虎钳上不能夹持时，应放在铁砧或平板上錾切，如图3-19所示。选用錾断用的錾子，切削刃应磨成圆弧形。錾切时，应由前向后排列錾切，錾子要放斜些，然后逐步放置垂直。

对于4mm以上厚度的板料，可在板料正反两面先錾出凹痕，然后再錾断。

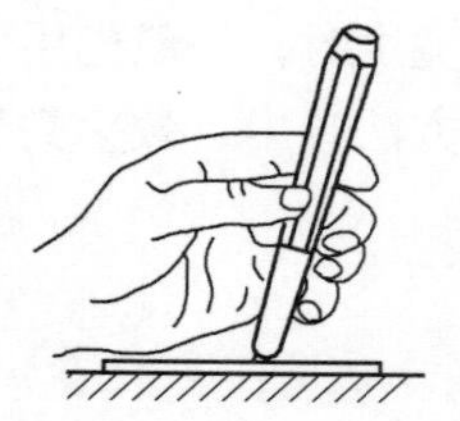
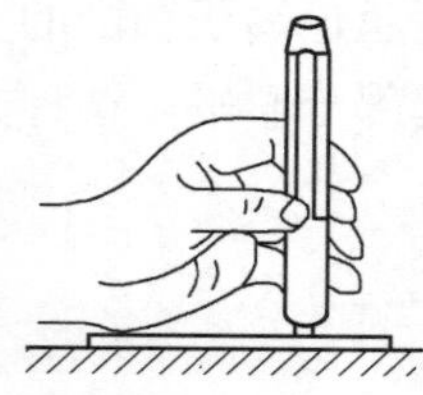
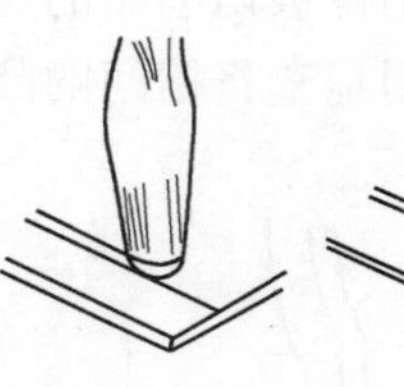
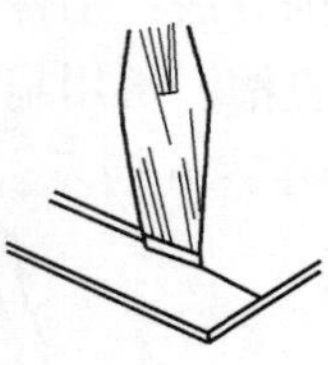

图3-19 尺寸较大板料的錾切

3. 形状复杂板料的錾切

錾切如图3-20所示的板料，应先划线，再用$\phi3\sim\phi5$mm的钻头钻出间距为3.2～3.5mm的密集孔，最后用尖錾或扁錾进行錾切。

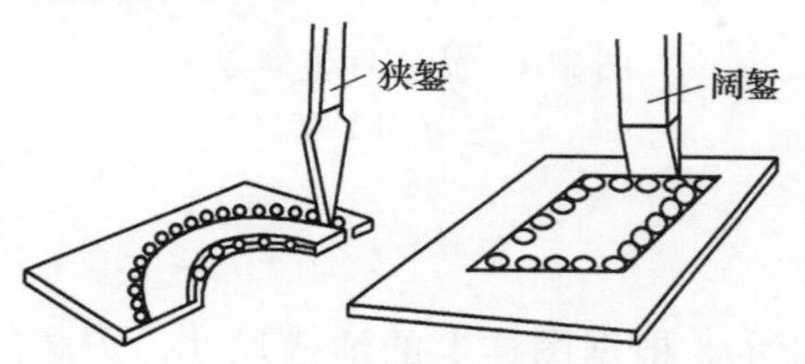

图3-20 形状复杂板料的錾切

3.4 錾削的安全操作规程

1）錾子要经常刃磨。

2）錾子头部如有毛刺，要及时清除，以防划伤手。

3）发现锤子木柄有松动或损坏时，要立即装牢或更换，以防锤头脱落伤人。

4）錾子头部、锤子头部和锤子木柄都不应沾油，以防锤击时滑出。

5）錾削时要防止铁屑伤人，操作者要戴防护镜。

6）握锤的手不准戴手套，以防锤子飞脱伤人。

7）錾削将近终止时，锤击要轻，以免用力过猛而碰伤手。

3.5　技能训练

【任务内容】

把图3-21所示平板的中间凸台部分錾削平整。

【任务分析】

本任务主要是錾削掉平板上的中间凸起部分，与两边面平齐。通过錾削操作，掌握錾子和锤子的握法、挥锤方法、站立姿势等，为学习平面、直槽的錾削打下基础。

【任务准备】

毛坯材料、锤子、錾子、垫木、台虎钳等。

【任务实施】

将錾子夹在台虎钳中间，如图3-22所示，左手不握錾子，进行站立姿势、挥锤和锤击的练习；之后，反握錾子，进行练习。

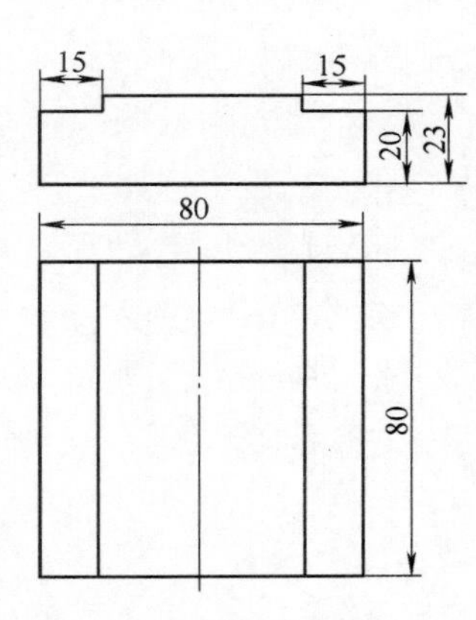

图3-21　把平板中间凸台部分錾削

练习左手正握錾子的方法，进行挥锤和锤击练习。

将工件夹在台虎钳中间，下面垫好垫木，用无切削刃的錾子进行錾削模拟练习。统一用正握法握錾子，松握法握锤，采用肘挥锤方法。要求站立姿势、握錾方法、握锤方法和挥锤动作协调。

待站立姿势、握錾方法、握锤方法和挥锤动作达到要求后，用带切削刃的錾子进行錾削加工，把平板上中间凸台部分錾削平。

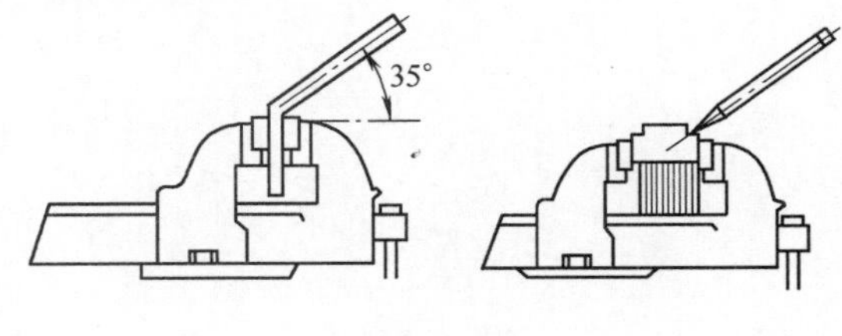

图　3-22

【任务评价】

记录评价表见表3-1。

表3-1　记录评价表

项目及技术要求	是否满足要求	项目及技术要求	是否满足要求
工件夹持位置正确		握锤方法正确	
握錾子方法正确		挥锤方法正确、锤击有力	
錾子角度控制稳定		锤击落点正确	
站立位置和姿势正确		安全文明生产	

复习思考题

3-1 试述錾子种类及应用场合。

3-2 试述錾子的常用握法。

3-3 试述起錾、正常錾削和终錾的方法。

3-4 试述大平面錾削的方法。

第4章　锯削操作

【学习要点】

正确选用与装夹锯条。

对各种形状的材料进行正确地锯削。

判断锯条折断原因及防止办法。

4.1　锯削概述

用锯对材料或工件进行切断或切槽的加工方法被称为锯削。图4-1所示为锯削操作的各种工艺类型，图4-1a所示为锯断；图4-1b所示为锯割掉材料的多余部分；图4-1c所示为锯割槽。

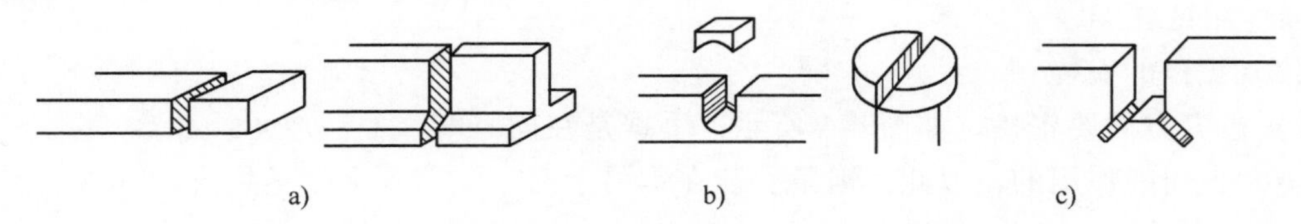

图4-1　锯削类型

a）锯断　b）锯割多余部分　c）锯割槽

4.2　锯削工具

4.2.1　台虎钳

台虎钳在第1章已介绍，本章不再重复。

4.2.2　手锯

手锯由锯弓和锯条组成。

1. 锯弓

锯弓是用来张紧锯条的，有可调式和固定式两种，如图4-2a、b所示。固定式锯弓只能安装一种规格长度的锯条，可调式锯弓则可以安装几种长度的锯条。

2. 锯条

手用锯条一般长度为300mm，一般用渗碳软钢冷轧而成，并经过热处理工艺。

（1）锯路　锯削时，为了减少锯缝两侧面对锯条的摩擦阻力，避免锯条被夹住或折断，在制造时，锯条的全部锯齿按一定规律左右错开，排列成一定形状，称为锯路，如图4-3所

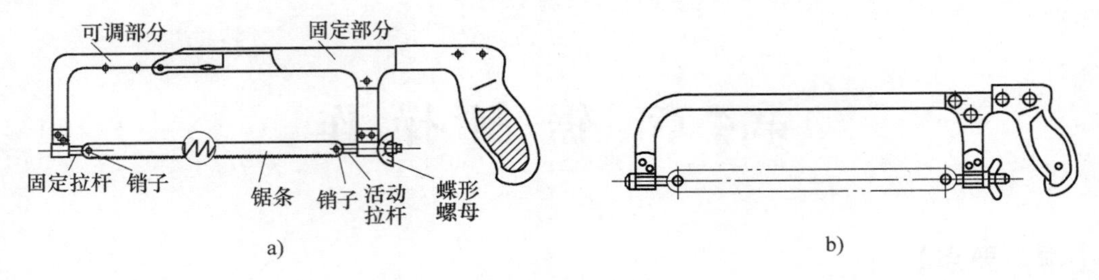

图 4-2 锯弓

a) 可调式 b) 固定式

示。锯路有交叉形和波浪形。有了锯路之后，工件上的锯缝宽度大于锯条背部的厚度，这样，锯削时锯条不会被工件夹住，也不致过热而磨损锯条。

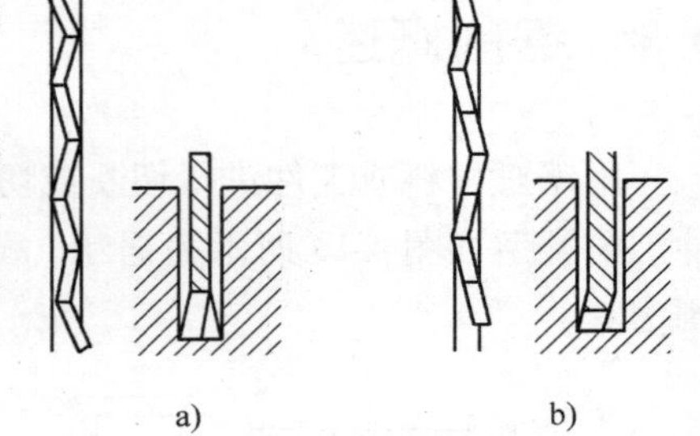

图 4-3 锯路

a) 交叉形 b) 波浪形

（2）锯齿粗细及应用 锯齿的粗细是以锯条每25mm长度内的齿数来表示的，有14齿、18齿、24齿和32齿等几种，一般划分为粗、中、细等几类。锯齿粗细及应用见表4-1。

（3）锯条的安装

1）齿尖方向要正确。如图4-4所示，手锯是在向前推进时起切削作用的，因此，锯条安装在锯弓上时，锯齿尖的方向朝前。

表 4-1 锯齿粗细及应用

锯齿粗细类型	每25mm长度内的齿数(齿)	应 用
粗	14～18	锯削软材料，如纯铜、软铜、黄铜、铝等材料
中	24	锯削硬材料，中等硬度钢及厚壁的铜管、钢管
细	32	锯削中等硬度材料，如薄片金属、薄壁管子及硬材料

2）锯条安装松紧要适当。安装锯条时，装得太紧则没有弹性，锯削时易折断；安装太松，锯削时锯条易因弯曲而造成折断，且锯缝易歪斜。

3）锯条安装后，要保证锯条平面与锯弓中心平面平行，不得倾斜和扭曲。

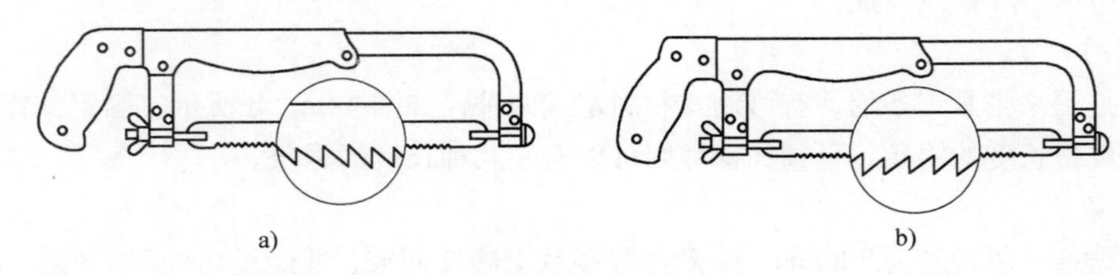

图 4-4 锯条的安装

a) 正确 b) 不正确

4.3 锯削的基本方法

4.3.1 锯削步骤

1. 选择锯条

根据工件材料的硬度和厚度选择适当齿数的锯条，使用时可参照锯条选用说明书。

2. 装夹锯条

按锯条的安装要求，装夹锯条。

3. 工件装夹

装夹工件时，工件伸出钳口部分应尽量短，约为10~29mm，以防锯削时产生振动。装夹时工件要夹紧，对已加工表面，可在钳口衬垫软金属。

4. 锯削操作

（1）起锯 起锯是锯削加工的开头，直接影响锯削质量。起锯分为远起锯和近起锯两种方式，图4-5a、b所示分别为远起锯和近起锯的起锯角度。通常采用远起锯，起锯角 θ 应在10°~15°，这样的角度在锯削时锯齿不易被卡住。起锯时，右手满握锯弓手柄，左手大拇指靠住锯条，使锯条能正确地锯在所需要的位置上，行程要短，压力要小，速度要慢，待锯痕深度达到2mm左右时，将锯逐渐处于水平位置进行正常锯削。远起锯和近起锯的手持方式如图4-5c、d所示。

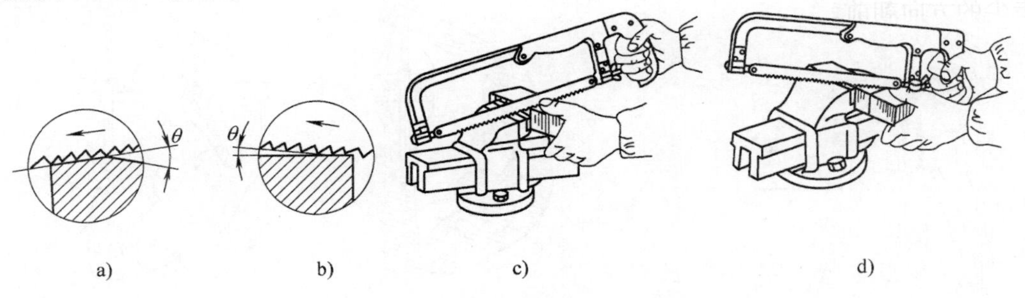

图4-5 起锯

a）远起锯 b）近起锯 c）远起锯手持方式 d）近起锯手持方式

（2）锯削 正常锯削时，右手满握锯柄，左手轻扶在锯弓前端，如图4-6所示。锯条与工件表面垂直，作直线往复运动，不能左右晃动，用力要均匀。锯削时的推力和压力由右手控制，左手主要配合右手扶正锯弓。手据推出时为切削行程，施加压力；返回行程不切削，不加压力，微微抬起，自然拉回。在整个锯削过程中，尽量用锯条全长的2/3进行工作。

（3）结束锯削 当锯削要结束时，用力要小，速度要慢，行程要短，以免工件突然被锯断时碰伤手臂和折断锯条。

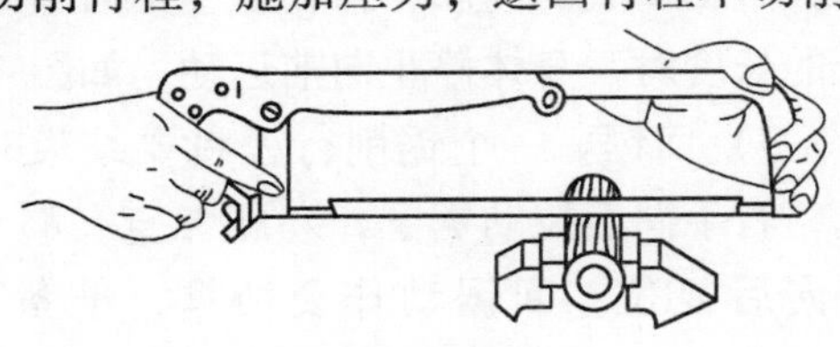

图4-6 手锯的握法

4.3.2 锯削动作

1. 手握锯方法

无论哪一种握锯方法，右手的握持基本一样，即右手满握锯柄，变化在左手。

（1）抱锯法　如图4-7所示，右手满握锯柄，左手拇指压在锯背上，其他四指扣住锯弓前端，与右手协调用力，将锯抱住进行锯削操作。此方法用于小件或薄件的锯削。

（2）活握法　如图4-8所示，左手虎口跨锯弓前端，拇指压在拉紧器上，其余四指自然收拢，与右手协调运动进行锯削操作。

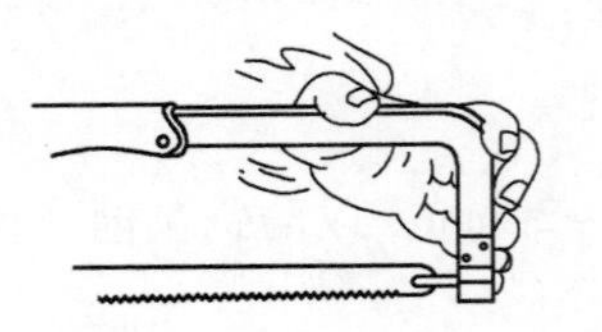

图4-7　据锯法

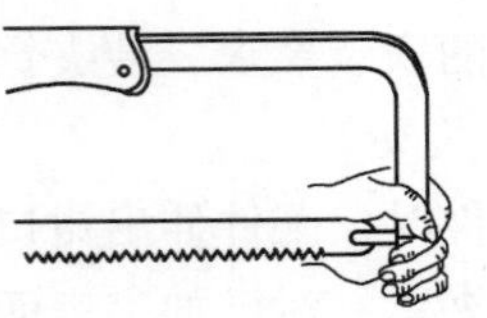

图4-8　活握法

（3）扶锯法　如图4-9所示，左手压在锯背的中、后部，双手动作要协调，身体向前并随之摆动，同时作前推后拉的往复运动。此方法适用于慢速推进的强力锯削。

2. 锯削站立姿势

（1）锯削前操作者站立步位与姿势　如图4-10所示，锯削前操作者站在台虎钳左侧，身体与钳中心线成45°；左脚迈半步、膝弯曲，两脚间距300mm，左脚成30°，右脚成75°。

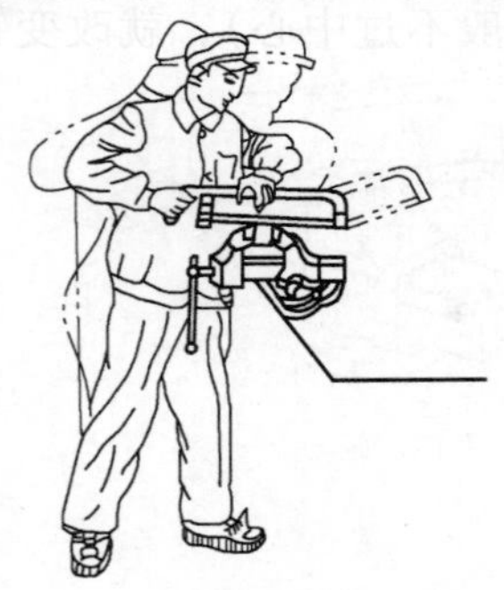

图4-9　扶锯法

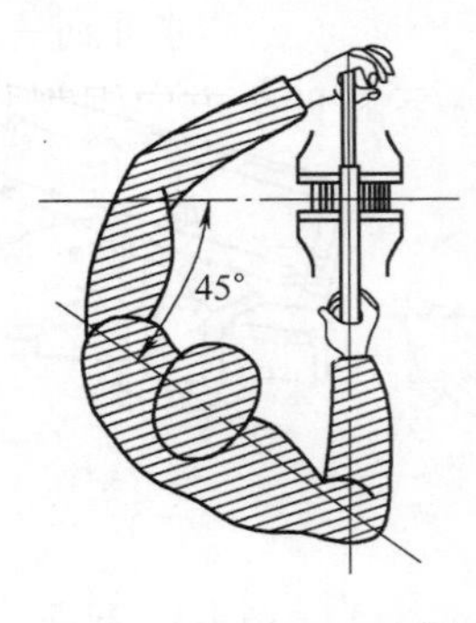

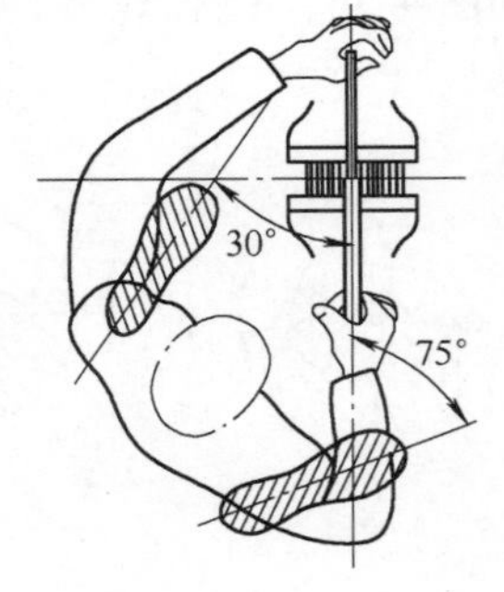

图4-10　锯削前站立位置与角度

（2）锯削的动作

1）准备。如图4-11所示，选好站立位置。手持锯，工件放置于台虎钳上。

2）推锯。推锯时左手扶压右手推，上身倾斜并随之协调运动，右腿伸直向前倾，操作者重心在左膝并弯曲；推锯到3/4锯子的长度时，身体停止向前运动，如图4-12所示。

3）回锯。一个锯削行程将要结束时，左手要把锯弓略微抬起，右手向后拉动锯子，左腿伸直，顺势收锯、体前倾，身体重心向后复位；回锯动作要协调，准备下一锯削动作如图4-13所示。

图4-11　准备

图 4-12　推锯

图 4-13　回锯

4.4　各种型材的锯削方法

4.4.1　薄材料的锯削方法

如图 4-14 所示的薄材料的锯割，锯削这种材料时抖动发颤难以切入，可用薄板夹在两木块之间，连同木板一同锯削，以增加锯削刚性。

4.4.2　棒料的锯削方法

1）锯削前，将棒料夹持好，尽量水平放置；锯条与棒料保持垂直，以防锯缝歪斜。

2）当被锯削工件的断面要求较平整、光洁时，锯削应从一个方向连续锯削直至结束。

3）当锯削后的断面要求不高时，锯削时每到一定深度（一般不过中心），就改变锯削方向。图 4-15 所示的阴影部分表示从四个方向锯割此棒料。

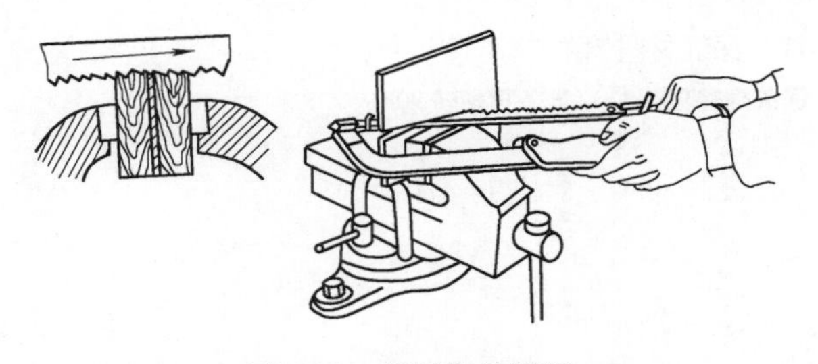
图 4-14　薄材料的锯割

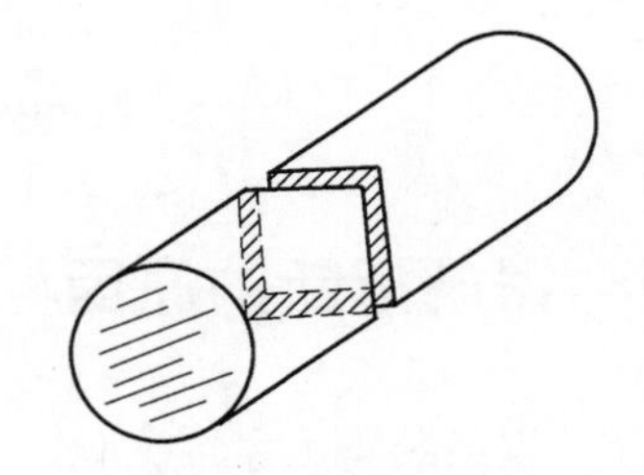
图 4-15　转位锯割

4.4.3　管子的锯削方法

（1）管子的夹持　锯削前，把管子水平夹持在台虎钳内，不能夹得太紧，以防管子变形。如果管壁较薄或精加工过的管子，应夹在有 V 形槽的两个木衬之间，如图 4-16a 所示。

（2）薄壁管子的锯削　锯削薄壁管子时，正确的方法应是先在一个方向锯到管子内壁处，然后把管子向推锯的方向转过一个角度，并连接原锯缝再锯到管子的内壁处，如此下去，直到锯削结束，如图 4-16b 所示。不可以在一个方向、从一开始连续锯削到结束，如图 4-16c 所示，否则锯齿会被管壁勾住而崩裂。

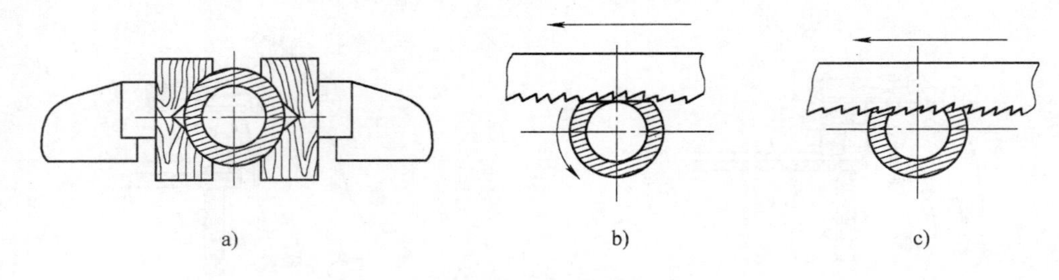

图 4-16 管子锯削

a）管子的夹持 b）转位锯削 c）不正确的锯削

4.4.4 深缝材料的锯削方法

如图 4-17a 所示为深缝锯削。当锯缝的深度到达锯弓的高度时，为防止锯弓与工件相碰，应将锯条转过 90°重新安装，如图 4-17b 所示，使锯弓转到工件的旁边再接着锯；当锯弓横下来后弓高还超，则可将锯条再转 90°，如图 4-17c 所示。

说明：以上的锯削操作之前，要先划线，以明确锯削位置。

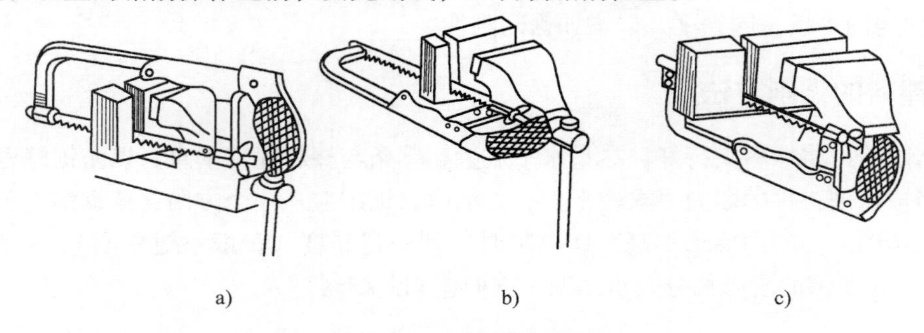

图 4-17 深缝材料锯削

a）深缝锯削 b）锯条翻转 90° c）锯条再翻转 90°

4.5 锯条折断的原因

1）锯条装得太紧或太松。

2）工件未夹紧，锯削时工件有松动。

3）强行纠正歪斜的锯缝。

4）锯削压力过大或锯削方向突然偏离锯缝方向。

5）锯削时锯条中间局部磨损。

6）工件被锯断时没有减慢锯削速度和减小锯削用力，使手突然失去平衡而折断锯条。

4.6 锯齿崩裂的原因

1）锯条选择不当，如薄板料、管子的锯削时，选用粗齿锯条。

2）起锯角太大或近起锯时用力过大。

3）锯削时突然加载压力，被工件棱边钩住锯齿而崩裂。

4.7 锯缝产生歪斜的原因

1）工件安装时，锯缝线未能与铅垂直线方向一致。

2）锯条安装太松或相对锯弓平面扭曲。

3）使用锯齿两面磨损不均的锯条。

4）锯削压力过大使锯条左右偏摆。

5）锯弓未扶正或用力歪斜。

4.8 技能训练

【任务内容】

毛坯尺寸为120mm×50mm×12mm的钢板，在C侧锯削，达到如图4-18所示要求。

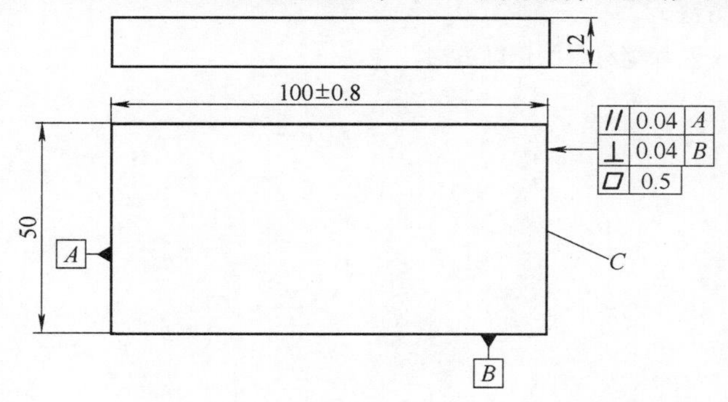

图4-18 毛坯尺寸

【任务分析】

本任务主要是锯削掉给定毛坯件的一侧，达到图样规定的尺寸及几何精度要求。通过锯削训练，掌握手锯的握法、锯削站立姿势和动作要领。

根据锯削材料，选择锯条。

掌握锯条折断的原因及处理办法。

【任务准备】

120mm×50mm×12mm钢板、手锯、锯条、皮尺、卡尺等。

【任务实施】

在板料上划出锯削的位置线，进行锯削站立姿势、锯削动作、起锯方法等练习。

锯削前检查锯条安装、工件装夹；锯削过程要观察锯缝线平直情况，如有问题能及时纠正。

【任务评价】

记录评价表见表4-2。

表 4-2 记录评价表

项目及技术要求	是否满足要求	项目及技术要求	是否满足要求
100mm ± 0. 8mm		握锯方法正确	
平面度		锯削动作正确	
平行度		锯削速度合理	
垂直度		起锯方法合理	
锯条安装正确、松紧合适		安全文明生产	
站立姿势正确			

复习思考题

4-1 试述锯条锯齿粗细及应用场合。

4-2 试述锯路的作用。

4-3 试述锯条安装松紧要适当的原因。

4-4 试述起锯的方法。

4-5 试述手握锯的方法。

4-6 试述棒料、管子及深缝材料的锯削方法。

第5章　锉 削 操 作

【学习要点】

锉刀的种类及规格，正确选用锉刀。

锉刀的保养。

正确的锉削姿势。

平面锉削。

平面度及垂直度的检测方法。

5.1　锉削概述

锉削是指用锉刀对工件表面进行切削的一种加工方法。锉削一般是在錾削、锯削之后对工件进行的精度较高的加工。锉削工作范围很广，可以锉削平面、曲面、外表面、内表面、沟槽和其他各种复杂表面，还可以做样板及在装配中修整工件。锉削是钳工常用的重要操作方法之一。

5.2　锉刀的种类、选择及其保养

5.2.1　锉刀的组成

锉刀是用高碳工具钢制成，并经过热处理，是锉削加工的主要工具，锉刀目前已国标化。

1. 锉刀的构造

如图5-1所示，锉刀主要由锉身和锉把两部分组成。

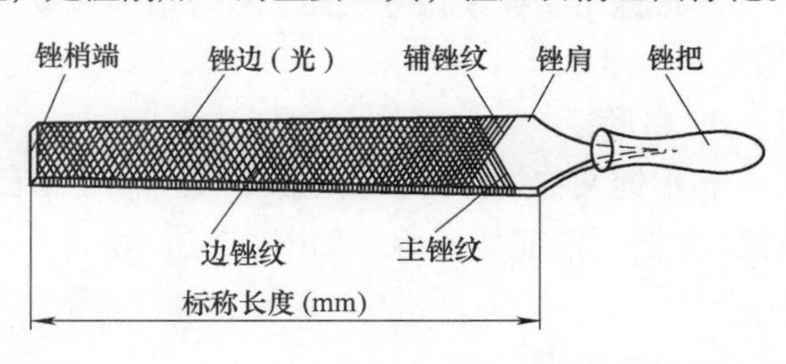

图5-1　锉刀的组成

2. 锉齿和锉纹

(1) 锉齿　锉齿是锉刀用以切削的齿形，每个锉齿相当于一把錾子，对金属材料进行切削。根据齿形的生成原理，锉齿有铣齿和剁齿两种，如图5-2所示。

(2) 锉纹　锉刀锉纹有单齿锉纹和双齿锉纹两种。

单齿锉纹是指锉刀上只有一个方向的齿纹，如图5-3a所示。单齿锉纹的锉刀容易被切屑塞满，故适用于锉削软材料和要求较为光洁的表面。

双齿锉纹是指锉刀上有两个方向排列的齿纹，如图5-3b所示。交叉排列的锉纹能使切屑折断，不致被切屑塞住，故适用于锉削硬材料。

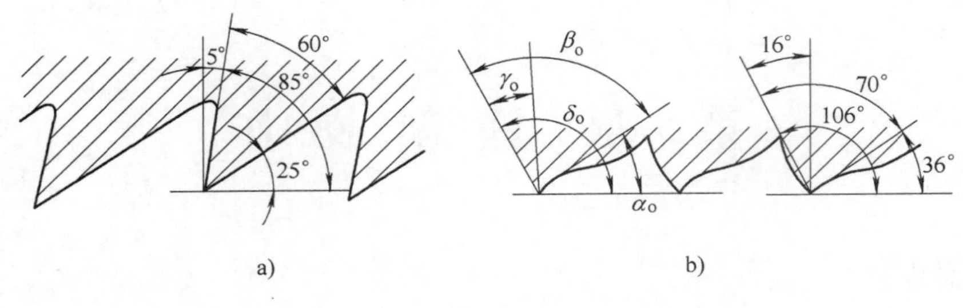

图 5-2 锉齿

a) 铣齿 b) 剁齿

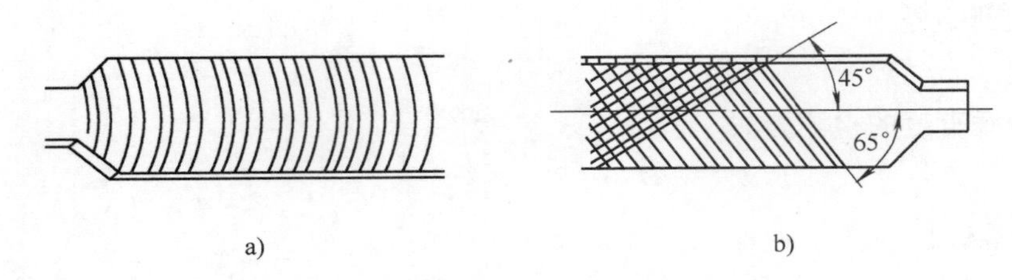

图 5-3 锉刀锉纹

a) 单齿锉纹 b) 双齿锉纹

5.2.2 锉刀的种类

锉刀按用途不同，可分为普通钳工锉、异形锉和整形锉三种。

1. 普通钳工锉

普通钳工锉按其截面形状不同，可分为平锉（板锉）、方锉、三角锉、半圆锉和圆锉等五种，如图 5-4 所示。

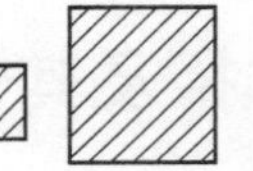

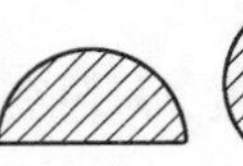
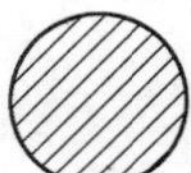

图 5-4 普通钳工锉截面形状

2. 异形锉

异形锉用于锉削特殊表面，有刀口锉、菱形锉、扁形锉、椭圆锉及圆肚锉等，如图 5-5 所示。

3. 整形锉

整形锉又称为什锦锉或组锉，主要用于修整工件上的细小部分和精加工，通常以 5 把、6 把、9 把、12 把为一组，如图 5-6 所示。

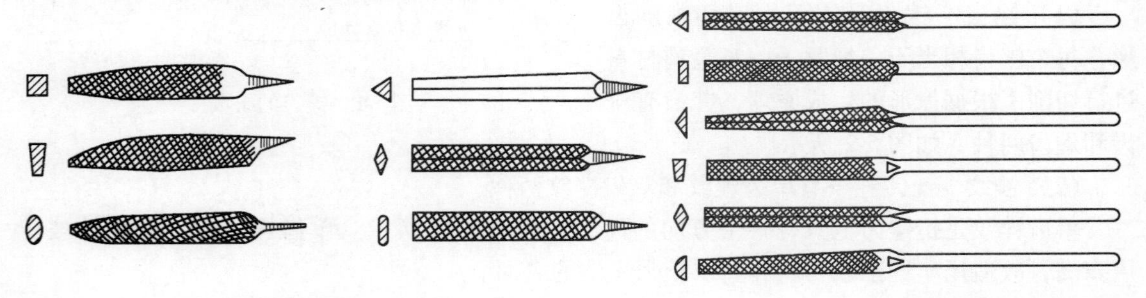

图 5-5 异形锉的截面形状　　图 5-6 整形锉的截面形状

5.2.3 锉刀的规格

锉刀的规格主要包括尺寸规格和锉纹粗细规格。

1. 锉刀的尺寸规格

不同类型锉刀的规格用不同的参数表示。圆锉刀的尺寸规格以直径来表示，方锉刀的尺寸规格以方形尺寸表示，其他锉刀则以锉身长度表示。钳工常用锉刀规格有100mm、125mm、150mm、200mm、250mm、300mm、350mm等几种。

2. 锉刀锉纹规格

锉刀以每10mm轴向长度内的主锉纹条数来表示锉纹的粗细规格。主锉纹是指锉刀上两个方向排列的深浅不同的锉纹中起主要锉削作用的齿纹。

锉刀锉纹的粗细规格见表5-1。

表5-1 锉刀锉纹的粗细规格

规格/mm	主锉纹条数/10mm				
	1号(粗齿锉刀)	2号(中齿锉刀)	3号(细齿锉刀)	4号(双细齿锉刀)	5号(油光锉刀)
100	14	20	28	40	56
125	12	18	25	36	50
150	11	16	22	32	45
200	10	14	20	28	40
250	9	12	18	25	36
300	8	11	16	22	32
350	7	10	14	20	—

5.2.4 锉刀的选择

锉刀的选择原则如下。

1. 按工件表面形状选择

如图5-7所示，各类型的锉刀对应了不同的加工形状，因此，按工件表面形状选择锉刀断面形状和大小。

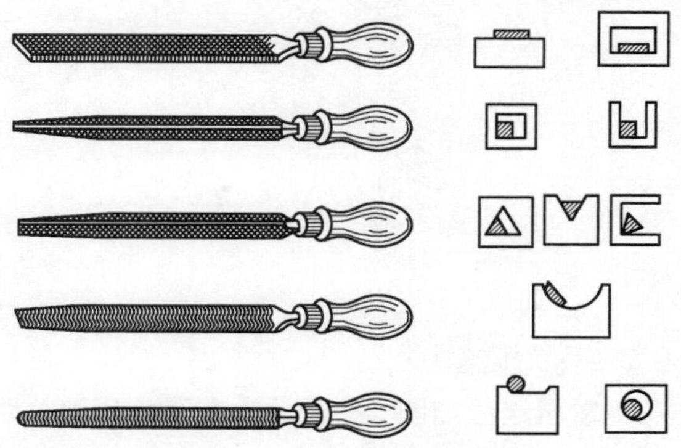

图5-7 普通锉刀的种类和用途

2. 按工件材质选择

锉削非铁金属材料等软材料时，选择单齿锉纹锉刀；锉削钢铁材料时，选择双齿锉纹锉刀。

3. 按工件加工面的大小和加工余量选择

加工面尺寸和加工余量较大时，选择较长的锉刀；反之，则选择较短的锉刀。

4. 按应用场合选择

锉刀锉纹粗细的选择取决于工件加工余量、尺寸精度和表面粗糙度要求，表5-2列出了各种粗细锉刀的应用场合。

表 5-2 锉刀锉纹粗细规格选用

锉刀锉纹的粗细	锉削余量/mm	尺寸精度/mm	表面粗糙度 $Ra/\mu m$
粗齿	0.5～1	0.2～0.5	25～100
中齿	0.2～0.5	0.05～0.2	6.3～25
细齿	0.1～0.3	0.02～0.05	3.2～12.5
双细齿	0.1～0.2	0.01～0.02	1.6～6.3
油光	0.1 以下	0.01	0.8～1.6

5.2.5 锉刀的保养

1）锉削时不能用锉刀锉毛坯的硬皮及工件上经过淬硬的表面，以防损伤锉刀。

2）锉削时先使用锉刀的一面，用钝之后再用另一面。

3）存放时锉刀与锉刀不能互相重叠堆放，以防锉齿损坏。

4）存放时防止锉刀沾水和沾油。

5）每次用完之后，用锉刷刷去锉刀锉纹中的残留切屑。

6）不能把锉刀当作敲击或撬动的工具。

5.3 锉削的基本操作

5.3.1 锉刀的握法

1. 手指扣锉法

图 5-8a 所示为右手握法，右手大拇指放在锉刀柄上面，右手掌心顶住木柄的尾部，其余手指由下而上握住锉刀柄。图 5-8b 所示为左手握法，左手食指、中指和无名指扣住锉头，大拇指贴在锉边。手指扣锉法用于中强力锉削或大锉刀的把握。

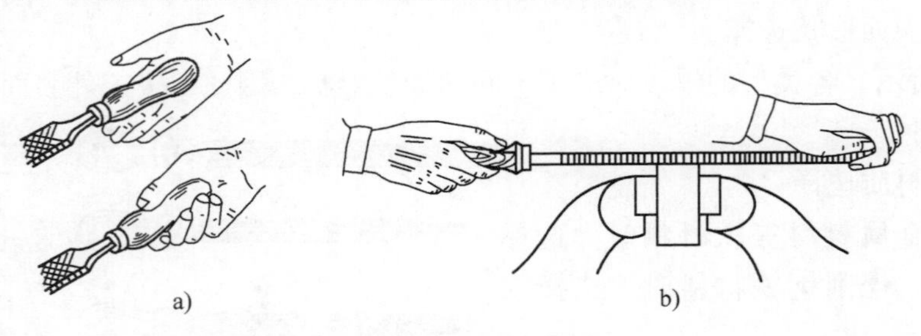

图 5-8 手指扣锉法

a）右手握法 b）左手握法

2. 手掌压锉法

手掌压锉法如图 5-9 所示。左手掌压锉，距锉头 30mm 左右，手指自然下垂。手撑压锉法用于大锉刀的握法。

3. 手指按锉法

手指按锉法如图 5-10 所示。右手反握，掌心朝上，左手拇指、食指、中指和无名指作“八”字形压住锉刀前部，小指自然收拢。手指按锉法用于窄长轴向的轻力锉削或小锉刀握法。

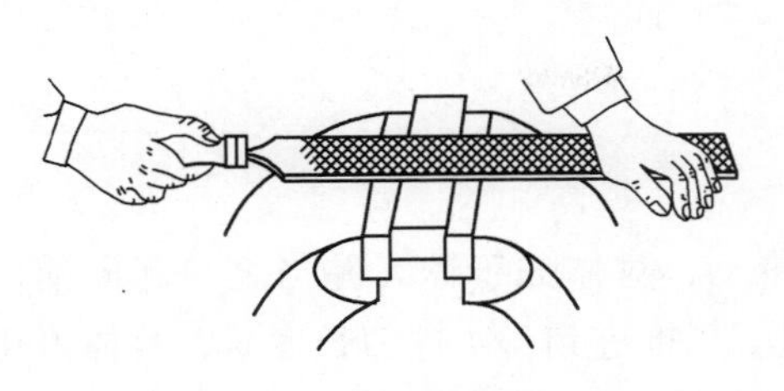

图 5-9 手掌压锉法

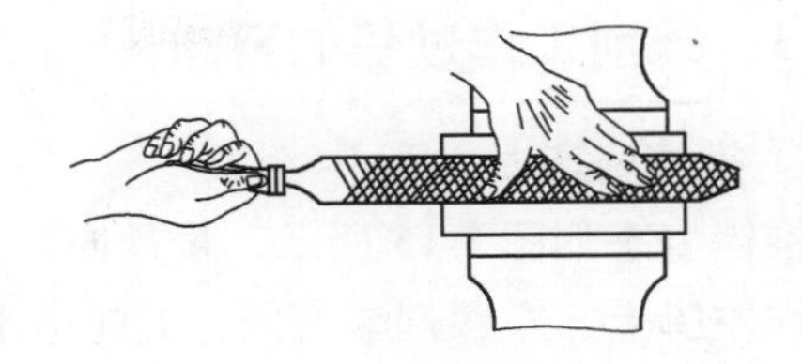

图 5-10 手指按锉法

4. 掰锉法

掰锉法如图 5-11 所示。右手握把，手掌心顶住木把；左手食指、中指、无名指扣住锉头，大拇指伸出压住锉刀面，小指自然收拢。掰锉法用于中小锉刀的握法。

5. 什锦锉刀握法

什锦锉刀握法如图 5-12 所示。右手食指伸开压锉，拇指偏捏，中指弯曲，中关节抵住锉把，其余二指随同握把进行动作。

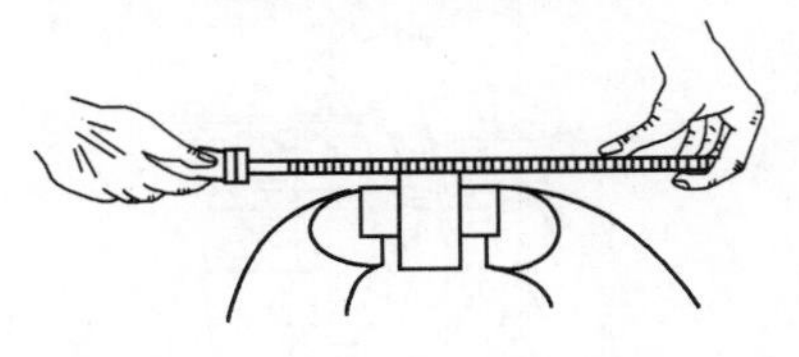

图 5-11 掰锉法

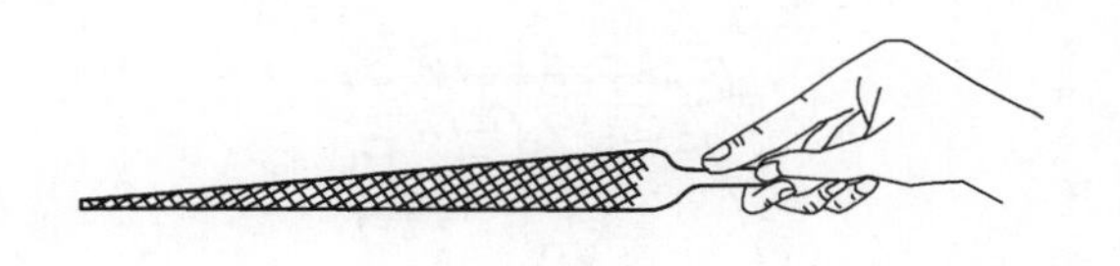

图 5-12 什锦锉刀握法

5.3.2 锉削站立位置

确定锉削时的站立位置的原则是便于用力，以适应不同的加工要求。

锉削时的站立位置如图 5-13 所示，操作者面对台虎钳，站在台虎钳中心线的一侧。

锉削时的站立姿态如图 5-14 所示。两脚站稳，身体前倾，重心在左脚上，身体靠左膝并弯曲；两肩放平，目视锉削平面，右小臂与锉刀成一条直线，并与锉削平面平行；左小臂与锉削面基本保持平行。

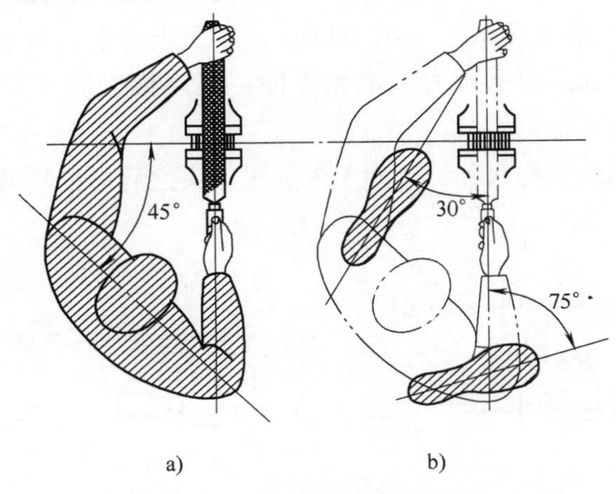

图 5-13 锉削时的站立位置

a）手臂位置 b）两脚位置

图 5-14 锉削时的站立姿态

5.3.3 锉削工作过程的姿态

1. 推锉姿态

推锉姿态如图5-15所示。推锉时，锉刀向前推动，身体先于锉刀并与之一起向前，重心落在左脚上，左膝逐渐弯曲，同时右腿逐渐伸直。当推进到3/4锉刀长度时，身体停止前进，两臂则继续将锉刀向前锉到头。

2. 回锉姿态

回锉姿态如图5-16所示。当推锉完成一次后，两手顺势将锉刀抬高至锉削的表面后平行收回（以防磨钝锉齿和损伤工件已加工表面）；当回锉动作结束之后，身体仍然前倾，准备第二次锉削。

图5-15 推锉姿态

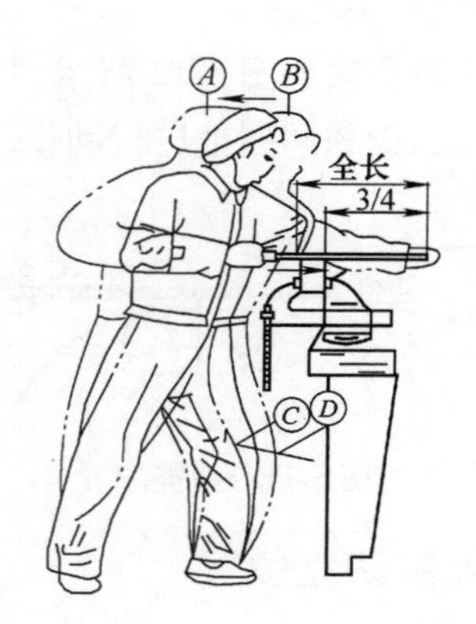

图5-16 回锉姿态

5.3.4 锉削时的用力方法

锉削时，两手用力是变化的，锉削力量分为水平推力和垂直压力两种。推力由右手控制，其作用是克服切削阻力，使锉刀切削金属；压力两手都控制，使锉齿切入金属表面。

锉削平面时的施力情况如图5-17所示。推锉开始时（图5-17a），左手压力大，右手压力小，但推力要大；推到中间时（图5-17b），两手压力基本相等同；继续推进时（图5-17c），左手压力逐渐变小，右手压力逐渐变大。

值得注意的是，锉刀在任意位置时，都应保持水平，否则工件加工结束之后会出现两边低、中间高的现象。

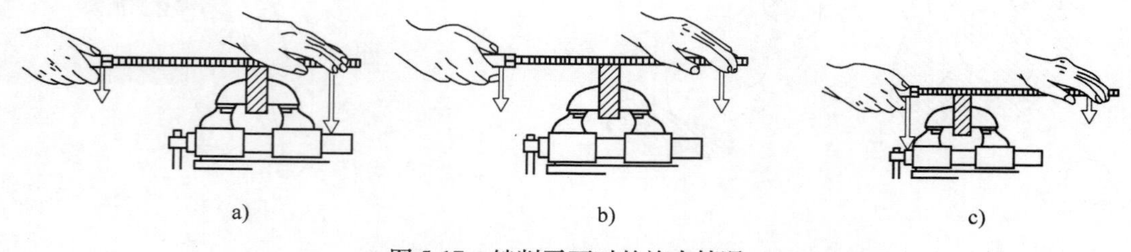

图5-17 锉削平面时的施力情况

a）推锉开始时 b）推到中间时 c）继续推进时

5.4 各种几何要素的锉削方法

5.4.1 平面的锉削方法

平面的锉削，常用顺向锉法、交叉锉法和推锉法三种。

1. 顺向锉法

顺向锉如图 5-18a 所示。锉刀运动方向与工件夹持方向始终一致的锉削方法，称为顺向锉。顺向锉法是最基本的一种锉削方法，锉痕正直、整齐美观，一般用于锉削较小的平面和最后锉光。

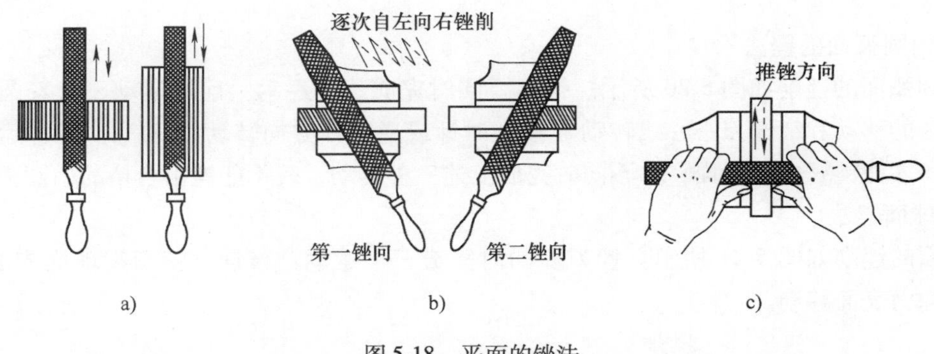

图 5-18 平面的锉法

a）顺向锉 b）交叉锉 c）推锉

2. 交叉锉法

交叉锉如图 5-18b 所示。锉削时锉刀从两个交叉的方向顺序地对工件表面进行锉削的方法，称为交叉锉。由于锉痕是交叉的，容易判断出锉削面的高低情况，表面容易锉平，一般适用于粗锉。精加工时要改用顺向锉法，才能得到正直的锉痕。

3. 推锉法

推锉法如图 5-18c 所示。两手对称横握锉刀，两大拇指推动锉刀顺着工件长度方向进行锉削的方法，称为推锉。推锉法一般用于锉削狭长平面、加工余量较小和修整尺寸的场合。

5.4.2 曲面的锉削方法

1. 外圆弧面的锉法

（1）顺向锉法　选用板锉刀锉削外圆弧面时，锉刀要同时完成两个动作，即锉刀在做前进运动的同时，还应绕工件圆弧的中心转动，如图 5-19a 所示。此法一般用于加工余量不大或精加工圆弧面。

（2）横向锉法　如图 5-19b 所示，横向锉削时，锉刀向着图示方向做直线运动。由于横向锉法加工时易在弧面产生多边形，所以一般用于锉削加工余量较大的粗加工；精加工时，再改为顺着圆弧面锉削，以达到精加工要求。

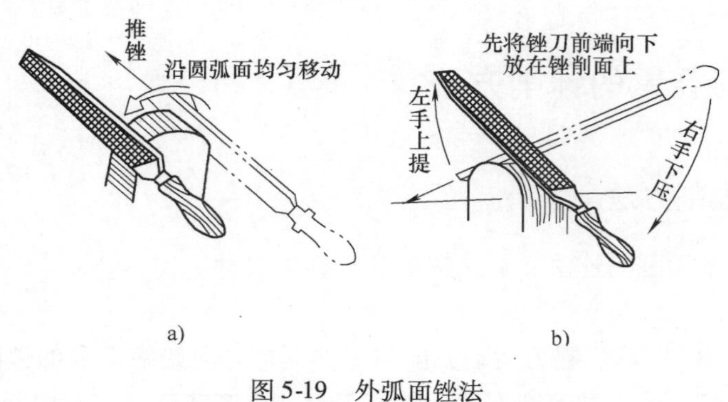

图 5-19 外弧面锉法
a）顺向锉法 b）横向锉法

2. 内圆弧面的锉法

内圆弧面的锉削如图 5-20 所示。锉刀要同时完成三个运动：前进运动、随着圆弧面向左或向右的移动和绕锉刀中心线转动（按顺时针或逆时针方向转动约 90°）。三种运动需同时进行，才能锉好内圆弧面；如不同时完成上述三种运动，就不能锉出合格的内圆弧面。

3. 球面锉法

球面的锉削如图 5-21 所示。锉刀要同时完成三个运动：推锉、锉刀沿球面中心旋转、锉刀沿球面表面移动。

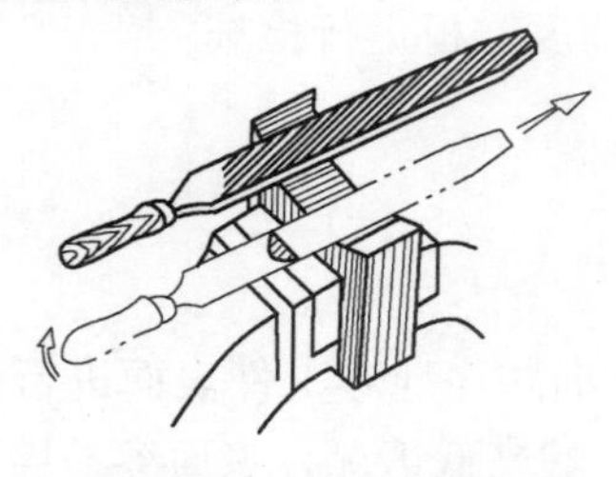

图 5-20 内圆弧面锉

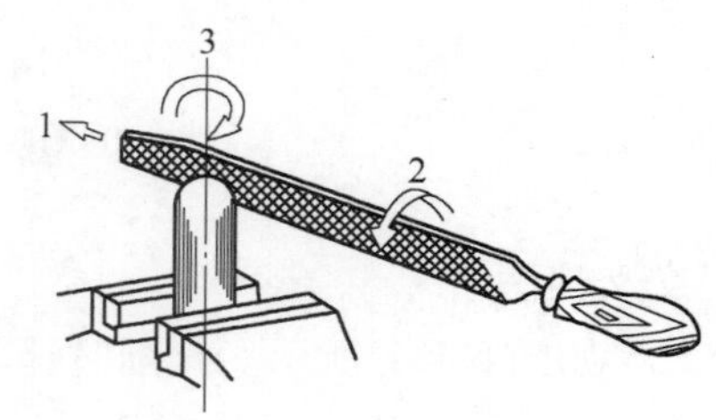

图 5-21 球面锉法

5.4.3 锉削质量的检查

1. 检查工件平直度

检查前先将工件擦净，再用刀口形直尺或金属直尺以透光法来检查工件平直度。如图 5-22a 所示，检查时，左手拿住工件，右手拿住刀口形直尺或金属直尺靠在工件的表面上，如果刀口形直尺与工件平面间透光微弱而均匀，说明该平面是平直的；如果透光不一，说明该平面高低不平；图 5-22b 所示为工件表面各种不平直的现象。

注意：检查时，刀口形直尺或金属直尺应在工件的横向、纵向和对角线方向分别进行检查，如图 5-22c 所示。

2. 检查工件垂直度

检查工件垂直度使用直角尺。检查时，也采用透光法，先选择基准面，并对其他各面有次序地进行检查，如图 5-23 所示（阴影为基准平面）。

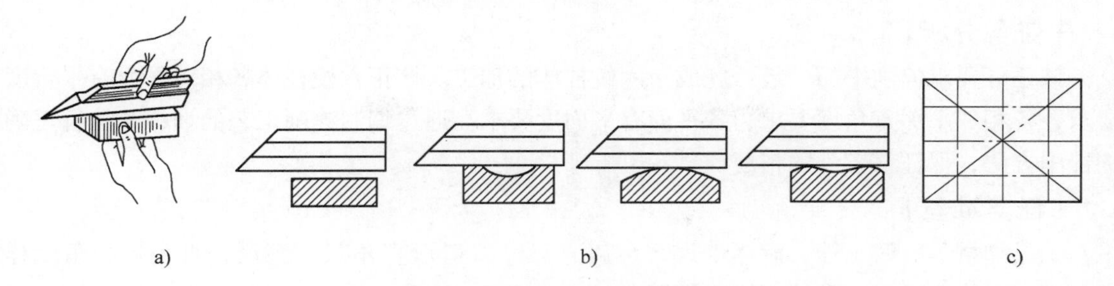

图5-22 用刀口形直尺检查平直度

a）用直尺检查平直度 b）在横向、纵向和对角线方向检查 c）各种不平直现象

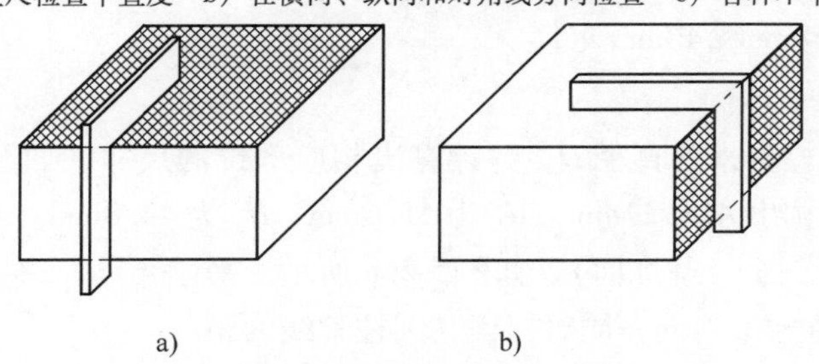

图5-23 检查垂直度

a）检查前侧面 b）检查上面

3. 检查表面粗糙度的方法

检查工件表面粗糙度可凭经验观察，也可对照表面粗糙度样板进行检查。

4. 检查工件平行度

工件平行度可用直角尺游标卡尺或指示表进行检查。检查时，在工件全长不同的位置上分别检查，可参照图5-23所示进行，本部分不再详细介绍。

5.5 技能训练

【任务内容1】

对 ϕ48mm 圆棒料（外圆已车削加工完毕）进行锉削加工，达到图5-24所示的要求。

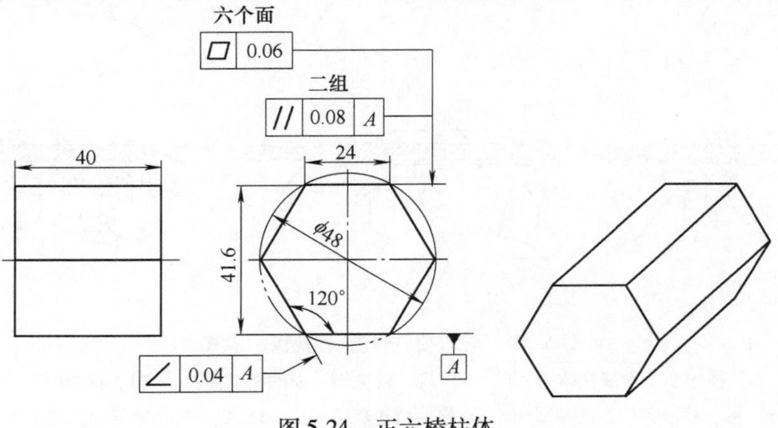

图5-24 正六棱柱体

【任务分析】

该任务要求锉削平面，最后完成正六棱柱体的加工。该正六棱柱体各相对平面有平行度要求，各相邻平面有角度要求，各平面有平面度要求。通过编制锉削工艺的训练和执行正确的锉削方法，保证该工件的精度。

【任务准备】

工具和量具：钳工锉、游标卡尺、金属直尺、刀口形直角尺、塞尺、直角尺、角度样板、游标万能角度尺、常用划线工具等。

辅助工具：软钳口衬垫、锉刷及涂料等。

材料：45 钢，ϕ48mm×40mm 毛坯。

【任务实施】

（1）用游标卡尺检查来料直径 D，并计算出相应部位的尺寸，如图 5-25 所示。已知棒料 ϕD 为 ϕ48mm，计算出 A 为 24mm，H_1 为 41.6mm，H_2 为 44.8mm。

（2）粗、精锉第一面（基准面），如图 5-26a 所示。平面度达到 0.06mm，$Ra\leqslant 3.2\mu m$，同时保证与圆柱素线的距离为 44.8mm（图 5-25 中的 H）。

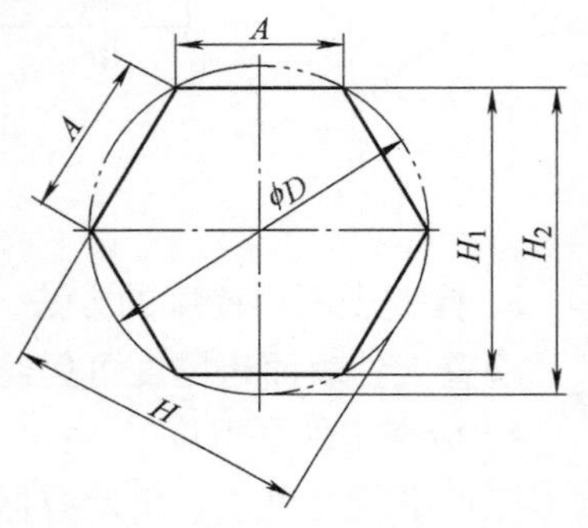

图 5-25　以外圆为定位基准控制正六边形的边长

（3）粗、精锉第一面的相对面，如图 5-26b 所示。以第一面为基准划出相距尺寸 41.6mm 的平面加工线，然后锉削。在保证自身平面度和表面粗糙度的同时，重点检查其相对于基准的尺寸 41.6mm 和平行度要求。

（4）粗、精锉削第三面，如图 5-26c 所示，达到图样技术要求，同时保证尺寸 24mm。并用游标万能角度尺或角度样板检查控制其与第一面的夹角 120°（图 5-24）。

（5）粗、精锉削第三面的相对面，如图 5-26d 所示。以第三面为基准，划出 41.6mm 的加工线，然后锉削，达到图样技术要求。

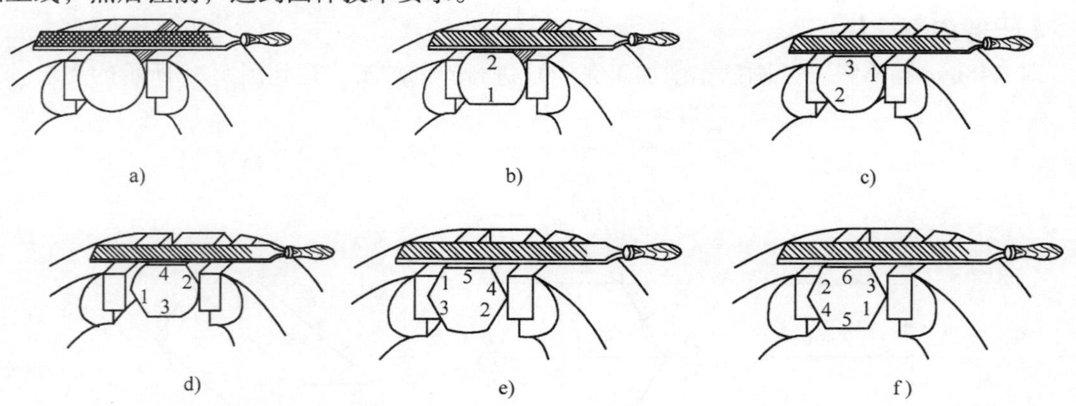

图 5-26　正六棱柱体加工步骤示意图

a）粗、精锉削正六棱柱体第一面　b）粗、精锉第一面的相对面　c）粗、精锉削第三面
d）粗、精锉第三面的相对面　e）粗、精锉削第五面　f）粗、精锉第五面的相对面

（6）用同样方法粗、精锉削第五面和第六面，如图5-26e、f所示，达到图样技术要求。

（7）全面复检，并做必要的修整，最后将各锐边倒棱后送检。

【注意事项】

（1）锉削时要确保锉削姿势正确。

（2）为保证表面粗糙度，需经常用锉刷清理残留在锉纹间的铁屑，并在齿面上涂抹粉笔灰。

（3）综合分析出现的误差及其产生的原因，要兼顾全面精度要求。

（4）测量时要把工件的锐边去毛刺倒棱，保证测量的准确性。

【任务评价】

记录评价表见表5-3。

表5-3 记录评价表

项目及技术要求	是否满足要求	项目及技术要求	是否满足要求
41.6mm±0.06mm(3处)		边长24mm±0.04mm(6处)	
平面度(6处)		表面粗糙度(6处)	
角度(6处)		锉削纹理一致(6处)	
平行度(3处)		安全文明生产	

【任务内容2】

如图5-27所示的四方装配体，锉削加工图5-27a所示的30mm×30mm凹槽，锉削加工后满足图5-27b所示的要求；之后，把两件进行装配、修配，达到图5-27c所示的要求。

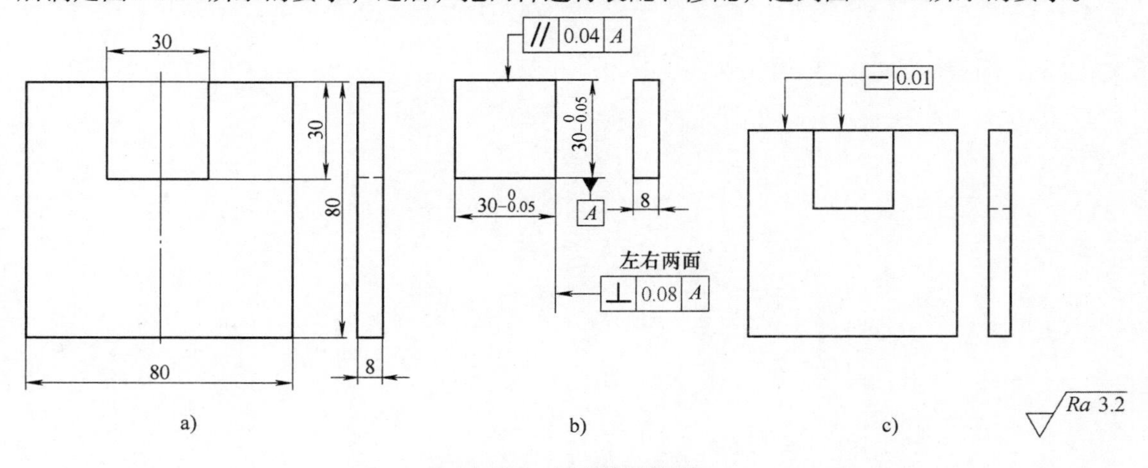

图5-27 四方体的锉配

a）凹槽 b）锉削加工要求 c）装配效果

【任务分析】

该任务是锉削加工两装配件，通过训练掌握锉配的基本方法，使各工件装配后满足装配体整体要求；了解各种误差对装配精度的影响，掌握检验及修正方法。

【任务准备】

材料：图 5-27a 所示的毛坯尺寸为 80mm×80mm×8mm，其四周已加工好，满足各面之间垂直度要求。图 5-27b 所示的毛坯尺寸为 31mm×31mm×8mm，两平面磨削加工完毕。

工器具：金属直尺、游标卡尺、千分尺、刀口形角尺、塞尺、钻头、整形锉、锤子、方锉、锉刀、手锯等。

【任务实施】

检查图 5-27a、b 的尺寸是否满足要求。

锉削加工图 5-27b 工件，达到图样要求。

对图 5-27a 工件划线、锯割分料。

锉削加工图 5-27a 所示的工件。

装配并检查，直至达到图样要求。

复习思考题

5-1 试述锉刀的种类及应用场合。

5-2 试述锉刀尺寸规格和锉纹粗细规格表示方法。

5-3 试述锉刀的握法。

5-4 试述平面锉削的三种方法。

5-5 试述锉削质量的检查方法。

第6章　钻、扩、锪及铰孔操作

【学习要点】

常用钻床的功能、特点。

钻头、扩孔钻、锪孔钻及铰刀的结构及功能。

扩孔、锪孔及铰孔的加工操作。

6.1　常用钻床及其夹具

孔的加工常用钻床等设备，常用钻床的种类有台式钻床、立式钻床和摇臂钻床。

6.1.1　常用钻床

1. 台式钻床

台式钻床简称台钻，是主轴竖直布置的小型钻床，可安放在作业台上，如图6-1所示，其体积小巧，操作简便。台式钻床钻孔直径一般在13mm以下，最大不超过16mm。进给运动由手动来实现。

2. 立式钻床

立式钻床的主轴箱和工作台安置在立柱上，是主轴竖直布置的钻床，如图6-2所示。立式钻床一般用于钻中小型工件上的孔，其规格以最大钻孔直径表示，常用的规格有25mm、40mm和50mm等几种。

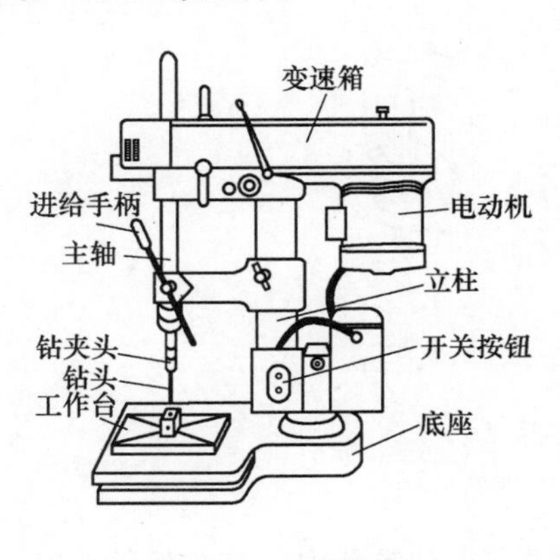

图6-1　台式钻床

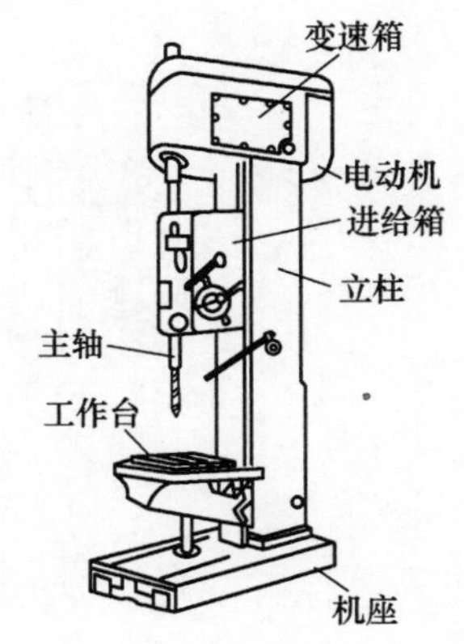

图6-2　立式钻床

3. 摇臂钻床

摇臂钻床的摇臂可绕立柱旋转360°和沿立柱升降，摇臂上装有主轴箱，可随摇臂一起沿立柱上下移动，并能在摇臂上作横向移动，如图6-3所示。它可以方便地将刀具调整到所需要的位置对工件进行加工。适用于单件或多孔（钻孔、扩孔、铰孔、攻螺纹）大型零件的批量加工。

6.1.2　常用钻床夹具

常用的钻床夹具主要包括装夹钻头的夹具和装夹工件的夹具。

1. 装夹钻头的夹具

（1）钻夹头　如图6-4所示，钻夹头用于装夹直柄钻头。钻夹头尾部是圆锥面，可装在钻床主轴的锥孔里面；头部有三个自动定心夹爪，通过扳手可使三个夹爪同时合拢或张开，起到夹紧或松开钻头的作用。

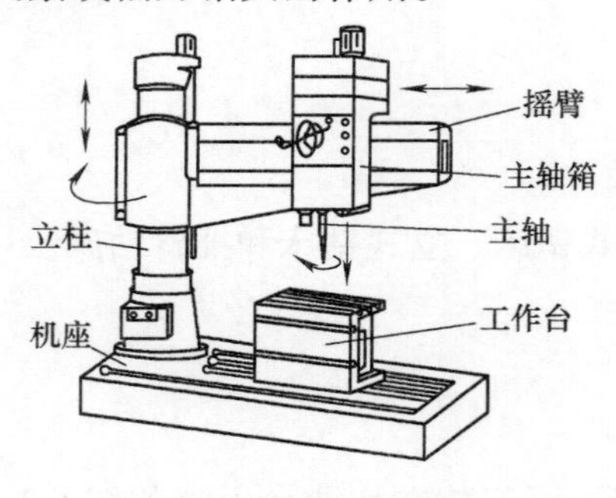

图6-3　摇臂钻床

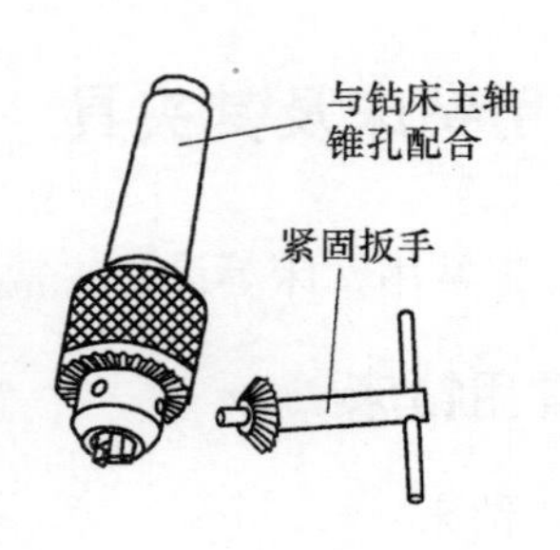

图6-4　钻夹头

（2）钻套及锥柄钻头的安装　钻套又称过渡套筒，如图6-5a所示，用于装夹锥柄钻头。钻套有5个规格（1、2、3、4、5号），使用时，可根据麻花钻锥柄及钻床主轴内锥孔锥度来选择。拆卸锥柄钻头时，如图6-5b所示，一手握钻头，另一手用锤子轻击楔铁。

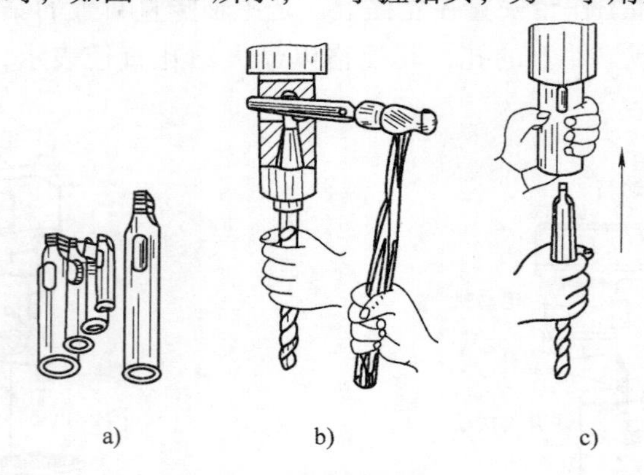

图6-5　钻套及其装拆

a）钻套　b）钻头拆卸　c）安装钻头

立式钻床通常采用锥柄钻头，钻头可直接装夹在钻床主轴锥孔内；装锥柄钻头时，先擦净钻头柄和主轴的锥孔，将钻头锥柄轻放在主轴锥孔内，扁头对准主轴上的通孔，用力上推，利用加速冲力一次安装，如图6-5c所示。

2. 夹具与工件的装夹

装夹工件的夹具有平口钳、压板、自定心卡盘及V形块等，如图6-6所示。选用时，根据钻孔直径、钻床类型、工件形状和工件大小来选择。选用的夹具必须使工件装夹牢固可靠，不能影响钻孔质量。

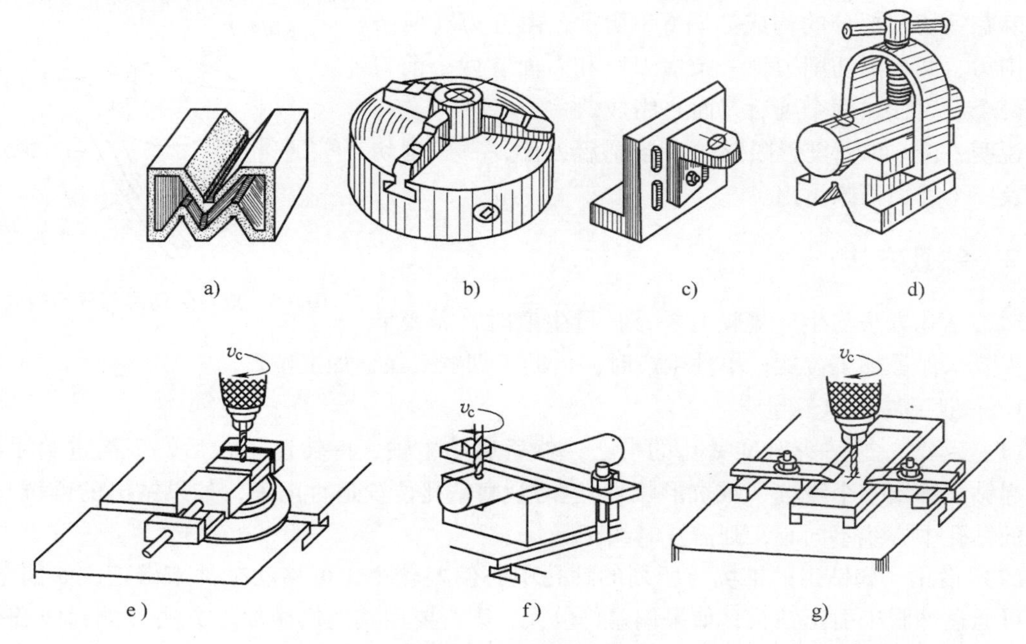

图6-6　夹具及其应用

a）V形块　b）自定心卡盘　c）角铁装夹工件　d）V形块装夹工件　e）平口钳装夹　f）V形块—压板夹紧　g）螺栓—压板夹紧

6.2　标准麻花钻和钻孔知识

6.2.1　标准麻花钻的结构

麻花钻是钻孔的工具，因其容屑槽成螺旋状形似麻花而得名。麻花钻上通常开有多个螺旋槽，有2槽、3槽或更多槽，以2槽最为常见。

麻花钻由柄部、颈部和工作部分组成，如图6-7所示。柄部是钻头的夹持部分，用来定心和传递动力，有锥柄和直柄两种。一般直径小于13mm的钻头做成直柄，直径大于13mm的钻头做成锥柄。

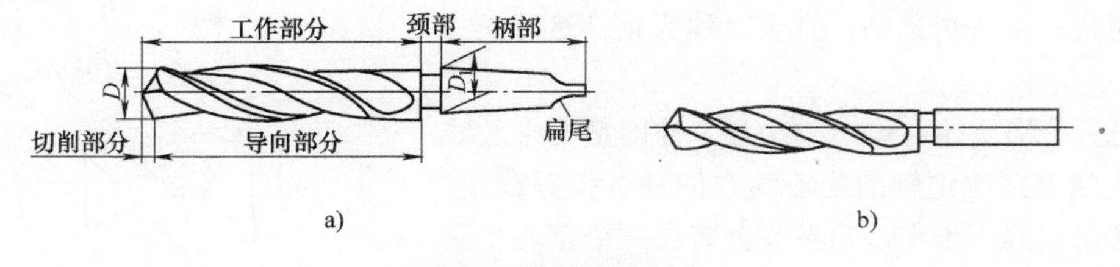

图6-7　麻花钻结构图

a）锥柄式　b）直柄式

麻花钻的工作部分分为切削部分和导向部分。导向部分用来保持麻花钻在工作时的正确方向；导向部分有两条螺旋槽，其作用是形成切削刃及容纳和排除切屑。

麻花钻切削部分的构成如图 6-8 所示，由五刃（两条主切削刃、两条副切削刃、一条横刃）和六面（两个前刀面、两个后刀面、两个副后刀面）组成。

说明：图 6-8 受投影限制，一条副后刀面，一条副切削刃及一个前刀面未示出。

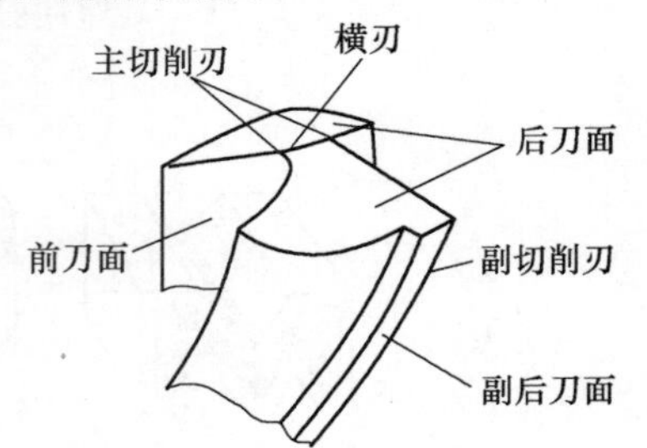

图 6-8　麻花钻切削部分的构成

6.2.2　钻孔方法

钳工钻孔方法与生产规模有关，批量生产时，需要借助于夹具来保证加工位置；单件生产时，借助于划线来保证加工位置。

1. 一般工件的加工

（1）起钻　把钻头对准钻孔的中心，然后启动主轴，待转速正常后，手摇进给手柄，慢慢起钻，钻出一个浅坑（锥坑形状）。这时观察钻孔位置是否正确，如果钻出的锥坑与所划线的钻孔中心线不同心，则需及时纠正。

（2）借正　如钻出的锥坑与所划的钻孔中心偏差较小，可移动工件来借正；如偏差较大，可通过冲眼来引正钻头；如果偏差仍较大，则需要用其他机械加工方法（如镗或铣等）替代钻孔方法。

（3）限位　钻不通孔时，可按所需要钻孔深度调整钻床挡块限位，当所需要孔深度要求不高时，也可用标尺限位。

（4）排屑　钻深孔时，钻头钻进深度达到钻头直径的 3 倍时，钻头就要退出排屑一次，直至结束钻孔。禁止连续钻削。

（5）手动进给　手动操作钻床进给手柄，进行钻孔。

2. 在圆柱形工件上钻孔

（1）在圆柱形工件上钻通孔，当通孔将要钻穿时，要减少进给量，由自动进给方式改为手动进给方式。

（2）在轴类或套类等圆柱形工件上钻与轴心线垂直并通过圆心的孔时，通常使用 V 形块。在圆轴上钻孔示意图如图 6-9 所示。

（3）使用压板压紧工件后，就可对准钻孔的中心试钻浅坑。试钻时看浅坑是否与钻孔中心线对称，如不对称可借正工件再试钻，直至对称为止，然后正式钻孔。

注意：V 形块的对称中心线与工件的钻孔中心线必须校正到与钻床主轴的中心线在同一条铅垂线上。基本方法是：第一步在，钻夹头上装夹一个定心工具（与 V 形块相同锥度），如图 6-10a 所示，并用指示表找正；第二步，调整 V 形块，使之与圆锥体的角度彼

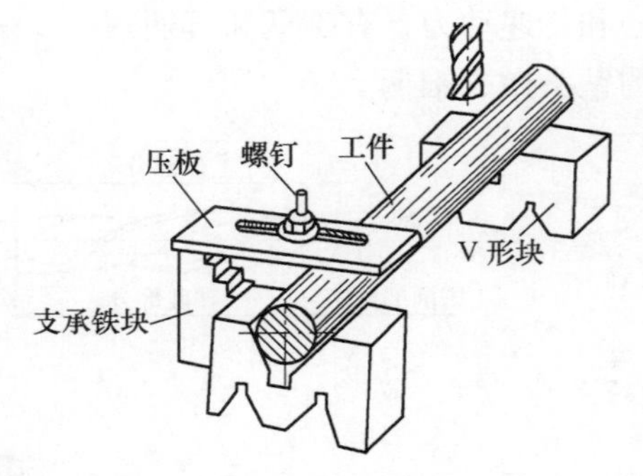

图 6-9　在圆轴上钻孔

此贴合，即得到 V 形块的正确位置；第三步，校正后把 V 形块压紧固定，此时把工件放在 V 形块槽上，用角尺找正工件端面的钻孔中心线（此中心线应划好）并使其保持垂直，即得到工件的正确位置，如图 6-10b 所示。

3. 在斜面上钻孔

在斜面上钻孔，钻头容易偏斜和滑移，操作不当会使钻头折断。正确的做法如下：在斜面上的钻孔处加工出一个平面，如图 6-11 所示，然后钻孔。

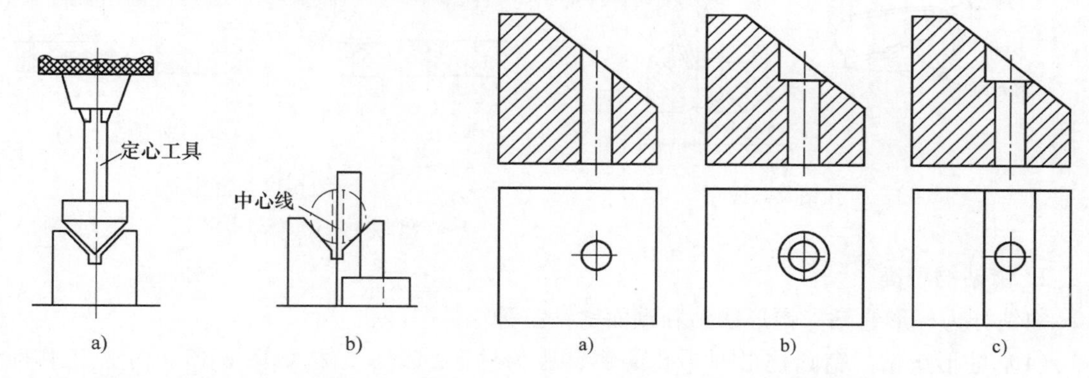

图 6-10　在圆柱形工件上钻孔
a）定心工具　b）找正工件正确位置

图 6-11　斜面上钻孔
a）待钻孔　b）钻孔方案一　c）钻孔方案二

钻孔之前要做如下工作：划线，用样冲确定中心，用中心钻钻出锥坑或用小钻头钻出浅坑。

6.3　扩孔、锪孔和铰孔

6.3.1　扩孔

1. 扩孔的概念

扩孔是用扩孔钻对工件上已有孔（铸造、钻出的孔等）进行扩大的加工方法，如图 6-12 所示。

2. 扩孔钻

如图 6-13 所示，扩孔钻头形状与普通钻头相似，但前端为平面，无横刃，刚性好，导向性好。扩孔可以纠正孔轴线倾斜，可以作为孔加工的最后工序或铰孔之前的准备工序。通常情况下，可以把麻花钻修磨当扩孔钻使用。

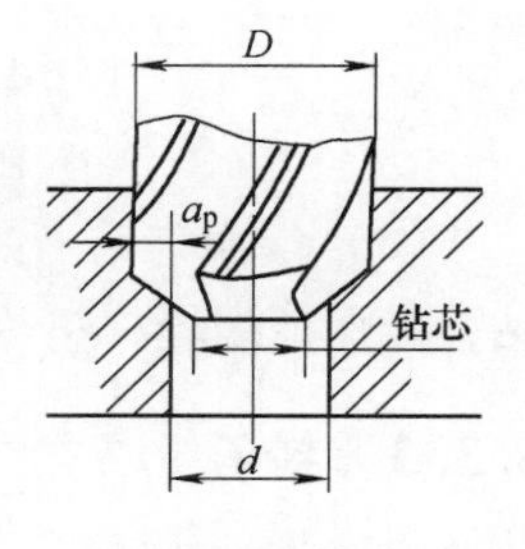

图 6-12　扩孔

6.3.2　锪孔

1. 锪孔的概念

锪孔就是用锪钻刮平孔的端面或切出沉孔的加工方法，如图 6-14 所示。从定义中可以看出，锪孔之前工件上已有一个孔。锪孔的目的是保证孔端面与孔中心线的垂直度，使与孔联接的零件位置正确，联接可靠。

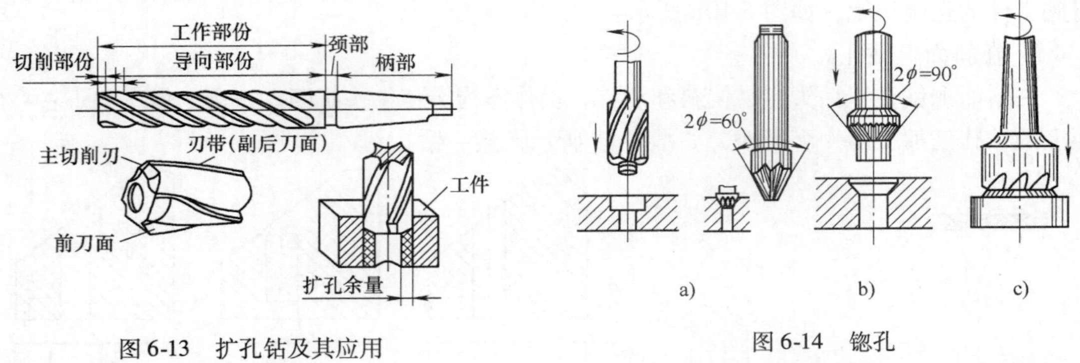

图6-13 扩孔钻及其应用

图6-14 锪孔

a）锪平底沉孔 b）锪锥形沉孔 c）锪平端面

2. 锪钻的种类

锪钻分为柱形锪钻、锥形锪钻和端面锪钻三种。

（1）柱形锪钻 锪圆柱形埋头孔的锪钻称为柱形锪钻，结构如图6-15所示。工作时，端面切削刃起主要切削作用，柱面前面有导柱，导柱直径与工件上的孔为间隙配合，以保证有良好的定心和导向性。通常情况下，导柱是可拆的，也可把导柱和锪钻做成一体，如图6-14a所示。通常情况下，麻花钻也可改为柱形锪钻。

（2）锥形锪钻 如图6-16所示，锪锥形沉孔的锪钻称为锥形锪钻。通常情况下，麻花钻可改变为锥形锪钻使用。

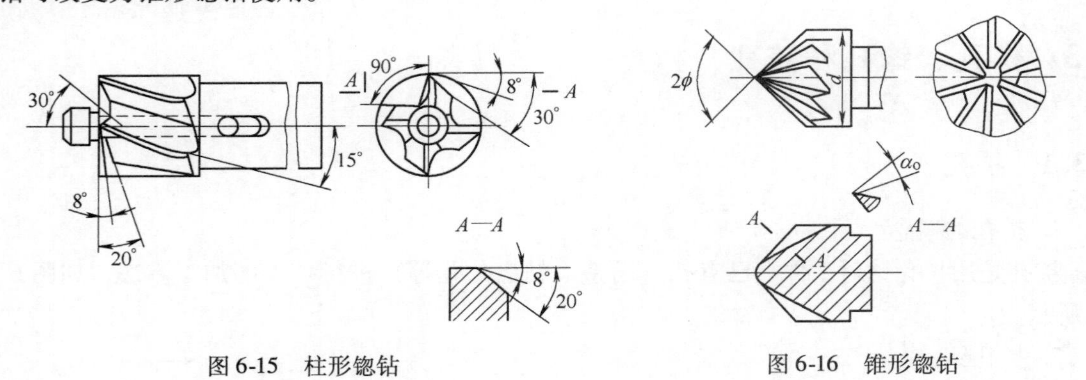

图6-15 柱形锪钻

图6-16 锥形锪钻

（3）端面锪钻 如图6-14c所示，用来锪平孔口端面的锪钻称为端面锪钻。通过端面锪钻，能保证螺栓、垫片支承面的平整性。

6.3.3 铰孔

用铰刀从工件孔壁上切除微量金属层，以提高孔的尺寸精度和降低表面粗糙度的加工方法称为铰孔。铰刀切削刃有6～12个，有较好的刚性和导向性。采用铰孔方法加工工件，其尺寸精度和表面质量显著提高。

铰刀种类很多，按使用方式分为手用铰刀和机用铰刀；按铰刀结构分为整体式铰刀、套式铰刀和可调节式铰刀；按铰刀切削材料分为高速钢铰刀和硬质合金铰刀；按铰刀用途分为圆柱铰刀和锥度铰刀。

1. 铰刀及铰杠

（1）圆柱铰刀　图6-17所示为整体式圆柱铰刀，一般用来铰削标准直径系列的孔。铰刀由工作部分、颈部和柄部组成，分为手用和机用两种。手用铰刀柄部是直柄带方榫，工作部分较长；机用铰刀工作部分较短。

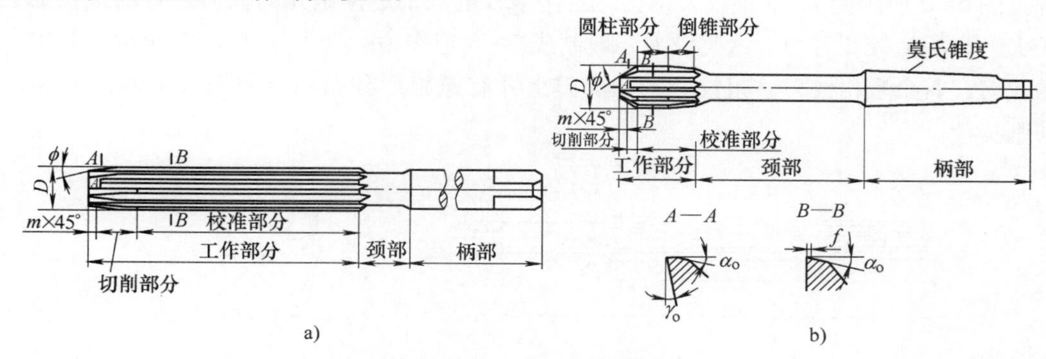

图6-17　整体式圆柱铰刀

a）手用铰刀　b）机用铰刀

（2）可调节式手用铰刀　在单件生产和修配工作中，需要铰削非标准的孔，则应使用可调节式手用铰刀，如图6-18所示，刀体4上开有斜槽。其基本工作原理是：调节调整螺母7，可使刀片5在刀体4上沿轴向移动，从而改变铰刀的直径，以适应加工不同孔径的需要。

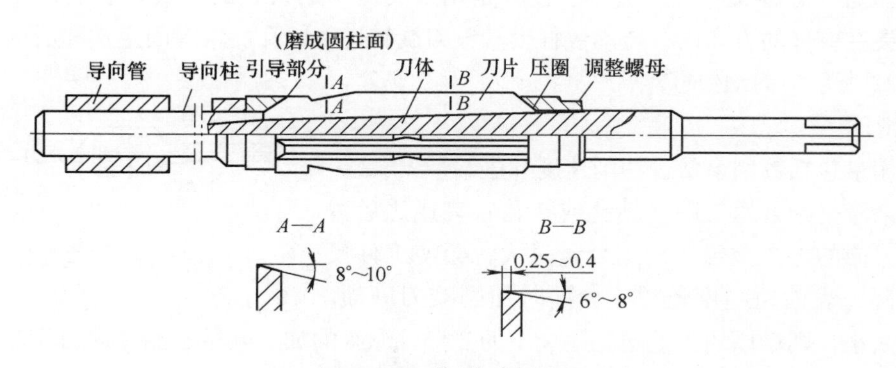

图6-18　可调节手用铰刀

（3）螺旋槽手用铰刀　如图6-19所示，螺旋槽手用铰刀用来铰削带有键槽的圆柱孔。用普通圆柱铰刀铰削带有键槽的孔时，由于切削刃会被键槽边钩住而使铰削无法进行，因此采用螺旋槽铰刀，可解决这一问题。螺旋槽一般方向是左旋，以避免铰削时因为铰刀的顺时针转动而产生的自动旋进现象。

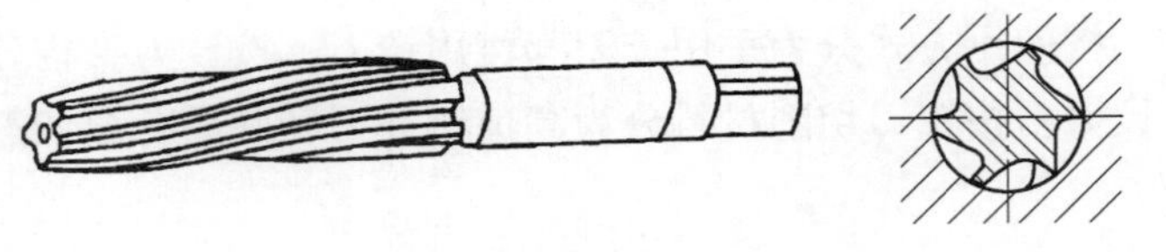

图 6-19　螺旋槽手用铰刀

(4) 锥铰刀　锥铰刀用来铰削圆锥孔，常用的有 1∶10、1∶30、1∶50 和莫氏锥度铰刀等四种。图 6-20 所示为 1∶50 锥铰刀结构，是用来铰削圆锥定位销孔的铰刀。有的锥孔加工余量较大，为了使铰孔省力，这类铰刀一般制成 2～3 把作为一套，如图 6-21 所示，其中一把是精铰刀，其余是粗铰刀。粗铰刀的切削刃上开有螺旋形分布的分屑槽（图 6-21a），以减轻切削负荷。

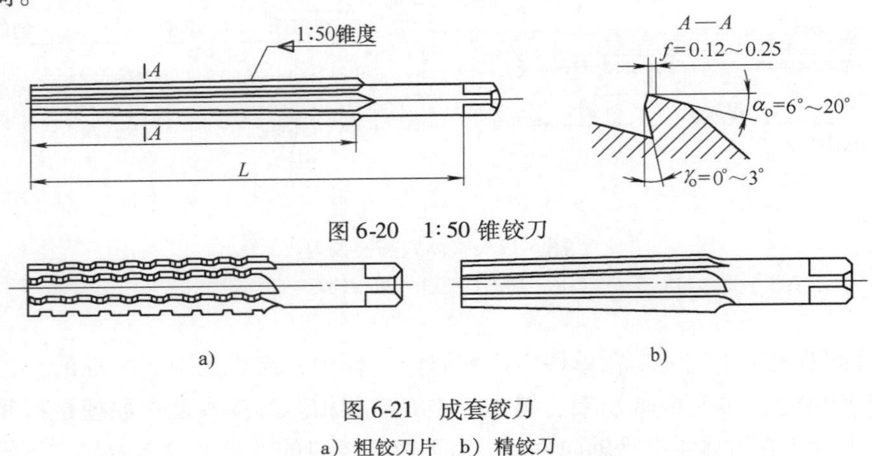

图 6-20　1∶50 锥铰刀

图 6-21　成套铰刀

a) 粗铰刀片　b) 精铰刀

(5) 铰杠　铰杠又称铰刀扳手。铰杠是用来夹持手用铰刀的工具。手工铰孔时，将铰刀的方榫夹在铰杠的方孔内，转动铰杠带动铰刀旋转进行铰孔。常有固定式和活动式两种铰杠，图 6-22 所示为活动铰杠。

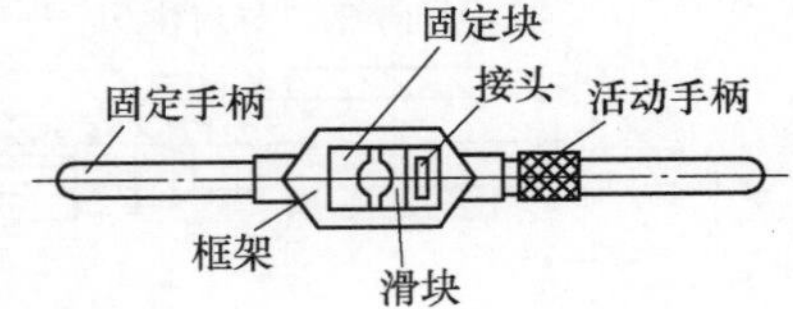

图 6-22　活动铰杠

2. 铰削用量

铰削用量包括铰削余量、切削速度和进给量。

铰削余量是指上道工序（钻孔或扩孔）完成之后留下的直径方向的加工余量。加工余量过大，会使工件尺寸精度下降，表面粗糙度值增大，同时加剧铰刀磨损。加工余量太小，则难以纠正上道工序余下的变形，原有的加工余量不能正常切除，不能保证工件精度要求。

切削速度及进给量如果选择不当，同样会影响铰孔精度及表面粗糙度。选择铰削加工余量时，要根据孔直径大小、材料性质、尺寸精度、表面粗糙度值等综合考虑，必要时可查阅相关资料。表 6-1、表 6-2 为用高速钢铰刀铰孔时的铰削加工余量和铰削用量参考值。

正常情况下，铰孔之前要对孔进行钻、扩加工。

3. 切削液

表6-1　铰削加工余量　(单位：mm)

铰孔直径	<5	5~20	21~32	33~50	51~70
铰削加工余量	0.1~0.2	0.2~0.3	0.3	0.5	0.8

表6-2　铰削用量

加工材料	切削速度/(m/min)	进给量/(mm/r)
钢	≤8	0.8
铸铁	≤10	0.3

铰孔时切削液的选择见表6-3。

表6-3　切削液的选择

加工材料	切　削　液	加工材料	切　削　液
钢	10%~20%乳化液 铰孔要求高时，30%菜油加70%肥皂水 铰孔要求更高时，可采用柴油或猪油等	铝	煤油
铜	乳化液	铸铁	一般不用切削液 使用低浓度乳化液，但会引起孔径缩小 煤油

说明：各种切削液的油、液比例，根据具体加工材料及精度，参照相关标准选择。

4. 人工铰孔操作基本方法

（1）起铰　用右手沿着铰刀轴向方向向下压，左手转动2~3圈，如图6-23所示。

（2）正常铰孔和退刀　如图6-24所示，正常铰孔时，两手用力要均匀，铰杠要放平；旋转速度要均匀、平稳，不得摇动铰刀，以免在孔口处出现喇叭形状或使孔径变大；铰削进给时，不要猛力压铰。

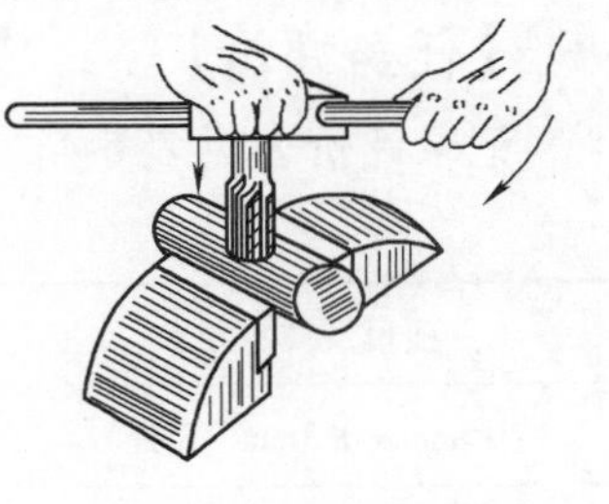

图6-23　起铰

退刀时，不允许反转铰刀，应按切削方向旋转向上提刀，以免切削刃磨钝以及切屑嵌入刀齿后面与孔壁间，而将孔壁划伤。

（3）排屑　如图6-25所示，铰孔时必须经常取出铰刀，用毛刷清屑，以防止切屑粘附在切削刃上，划伤孔壁。

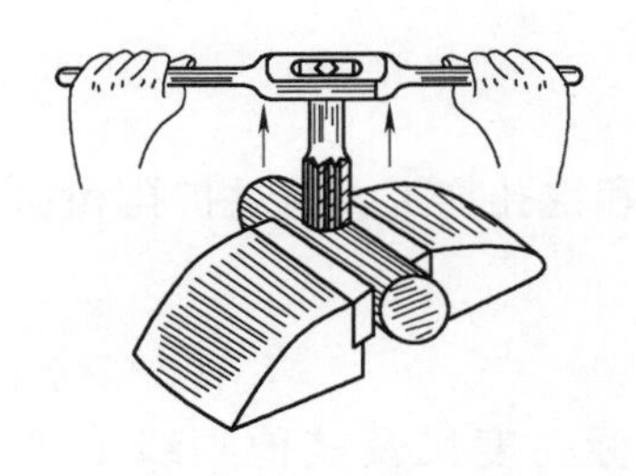

图6-24　正常铰孔

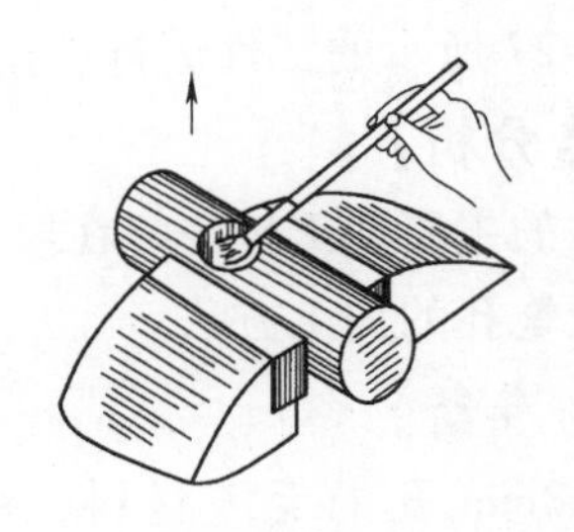

图6-25　排屑

注意事项：

手铰过程中，如果铰刀被卡住，不能猛力扳转铰杠。此时，取出铰刀，清除切屑并检查铰刀。

6.4 技能训练

【任务内容1】

对图6-26所示的工件进行钻孔加工。

【任务分析】

本任务主要是使用钻床钻削加工三个孔。通过钻孔的加工操作，熟悉钻床的操作和使用方法，掌握划线方法，做到安全文明生产。

【任务准备】

钻孔加工前应准备毛坯材料、钻床、游标卡尺、游标高度卡尺及其他划线工具、毛刷、ϕ8mm 钻头、金属直尺。

【任务实施】

熟悉钻床的操作方法，调整转速、升降工作台、装夹钻头和装夹工件。

划出钻孔位置线，然后在工件上钻孔，达到要求。

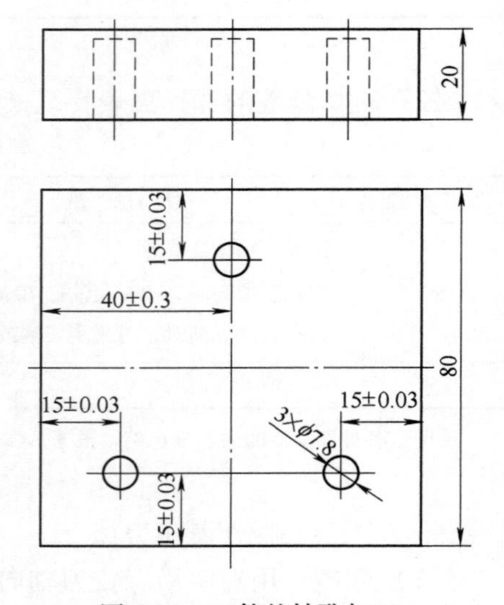

图6-26 工件的钻孔加工

【任务评价】

记录评价表见表6-4。

表6-4 记录评价表

项目及技术要求	是否满足要求	项目及技术要求	是否满足要求
15mm ±0.3mm（3处）		正确操作台钻	
40mm ±0.3mm（1处）		安全文明生产	

【任务内容2】

对图6-27所示的工件进行扩孔和锪孔加工。

【任务分析】

该工件的主要加工任务是在原有孔基础上进行扩孔和锪孔加工。通过扩孔和锪孔训练，掌握扩孔及锪孔的加工方法。

【任务准备】

已有 ϕ8mm 孔的毛坯材料、钻床、游标卡尺、游标高度尺及其他划线工具、毛刷、ϕ10mm 柱形锪钻、90°锥形锪钻等。

【任务实施】

扩孔、锪孔，操作基本同钻孔操作。

锪孔结束后，用内六角螺钉试配检查，如能顺利装入，则满足要求。

【任务评价】

记录评价表见表6-5。

表6-5 记录评价表

项目及技术要求	是否满足要求	项目及技术要求	是否满足要求
90°锥孔正确		表面粗糙度 Ra 为6.3	
$3_{0}^{+0.5}$mm（1处）		安全文明生产	

【任务内容3】

对图6-26所示3×ϕ7.8mm孔进行铰削加工，达到3×ϕ8H7的精度要求，表面粗糙度 Ra 为1.6。

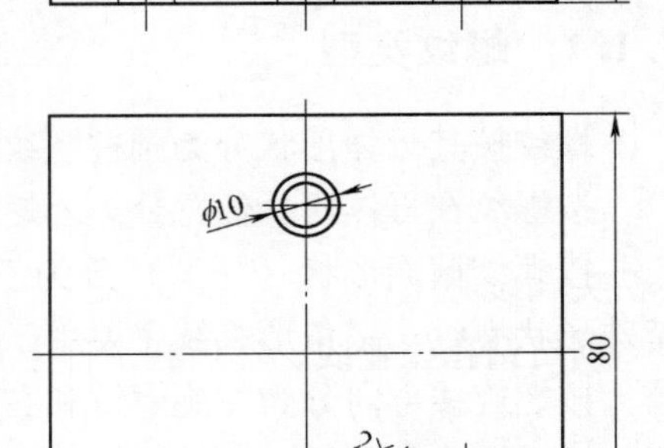

图6-27 工件的扩孔和锪孔加工

【任务分析】

本任务是对已有的孔进行铰削加工，铰孔方法的正确与否直接影响孔的质量。通过铰孔训练，掌握手工铰孔的方法。能准确分析铰孔出现质量问题的原因及提出避免出现问题的方法。

【任务准备】

已有ϕ7.8mm孔的毛坯材料、ϕ8H7的铰刀、铰杠、毛刷、ϕ8H7的塞规、90°锥形锪钻等。

【任务实施】

用90°锥形锪钻对各孔进行1mm×45°倒角。

铰各圆柱孔，用塞尺进行检查。

【任务评价】

记录评价表见表6-6。

表6-6 记录评价表

项目及技术要求	是否满足要求	项目及技术要求	是否满足要求
1mm×45°倒角（3处）		表面粗糙度 Ra 为1.6（3处）	
ϕ8H7mm（3处）		安全文明生产	
手铰方法正确			

复习思考题

6-1 试述钻孔的方法。

6-2 试述锪钻的种类和用途。

6-3 试述铰削加工余量大小对工件尺寸精度的影响。

6-4 试述铰孔退刀时不能反转的原因。

第 7 章　攻螺纹和套螺纹

【学习要点】

攻螺纹前的底孔直径及套螺纹前的圆杆直径计算方法。

能用攻螺纹和套螺纹工具加工出满足要求的螺纹。

攻螺纹和套螺纹的操作手法。

7.1　螺纹加工概述

螺纹加工的方法有很多，通过钳工工艺也可以加工螺纹。攻螺纹及套螺纹在工件装配中应用最多。

7.1.1　螺纹类型

螺纹按其母体形状分为圆柱螺纹和圆锥螺纹。

按螺纹在母体所处位置分为外螺纹和内螺纹。

按螺纹截面形状（牙型）分为三角形螺纹、矩形螺纹、梯形螺纹、锯齿形螺纹及其他特殊形状螺纹。三角形螺纹主要用于联接；矩形、梯形和锯齿形螺纹主要用于传动。

按螺旋线方向分为左旋螺纹和右旋螺纹，一般用右旋螺纹。

按螺旋线的数量分为单线螺纹、双线螺纹及多线螺纹。用于联接的多为单线螺纹；用于传动的多采用双线或多线螺纹。

按牙的粗细分为粗牙螺纹和细牙螺纹等。

按使用功能和场合不同，螺纹可分为紧固螺纹、传动螺纹、管螺纹、专用螺纹等。如图 7-1 所示为几种常见的螺纹类型。

7.1.2　螺纹参数

以圆柱螺纹为例，其主要参数有外径（d）、内径（d_1）、中径（d_2）、螺距（P）、线数（n）、导程（$s=nt$）、升角（λ）和牙形角（α）等，如图 7-2 所示。

外径（d）：与外螺纹牙顶或内螺纹牙底相重合的假想圆柱体直径为螺纹的外径，螺纹的公称直径即外径，也称为大径。

内径（d_1）：与外螺纹牙底或内螺纹牙顶相重合的假想圆柱体直径。

中径（d_2）：素线通过牙型上凸起和沟槽两者宽度相等的假想圆柱体直径。

螺距（P）：相邻两牙在中径圆柱的素线上对应两点间的轴向距离。

导程（$s=nt$）：同一螺旋线上相邻牙在中径线上对应两点间的轴向距离。

牙型角（α）：螺纹牙型上相邻两牙侧间的夹角。

螺纹升角（λ）：中径圆柱上螺旋线的切线与垂直于螺纹轴线的平面之间的夹角。

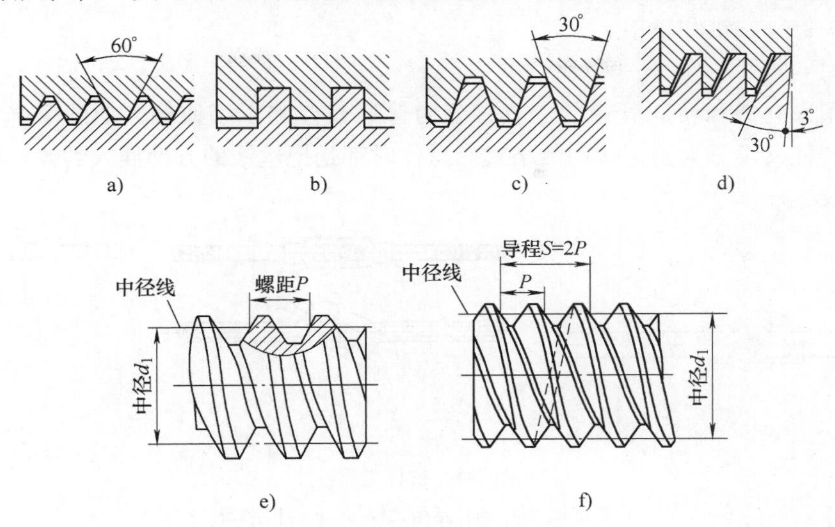

图7-1　常见的螺纹类型

a）三角形螺纹　b）矩形螺纹　c）梯形螺纹　d）锯齿形螺纹　e）单线螺纹　f）双线螺纹

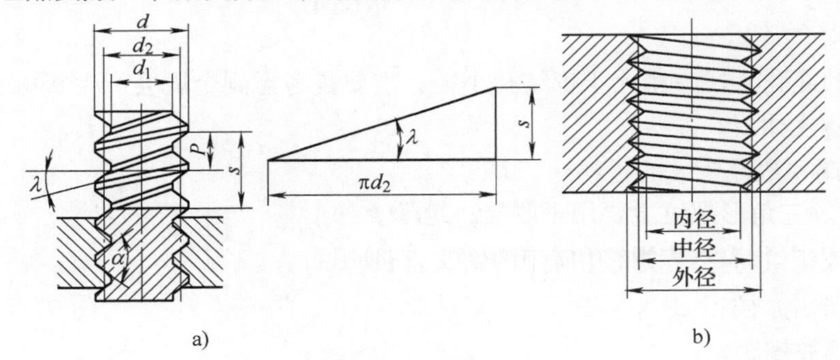

图7-2　螺纹参数

a）外螺纹　b）内螺纹

7.2　攻螺纹

攻螺纹又称攻丝，是指用丝锥在工件孔中切削出内螺纹的加工方法。

7.2.1　常用攻螺纹工具

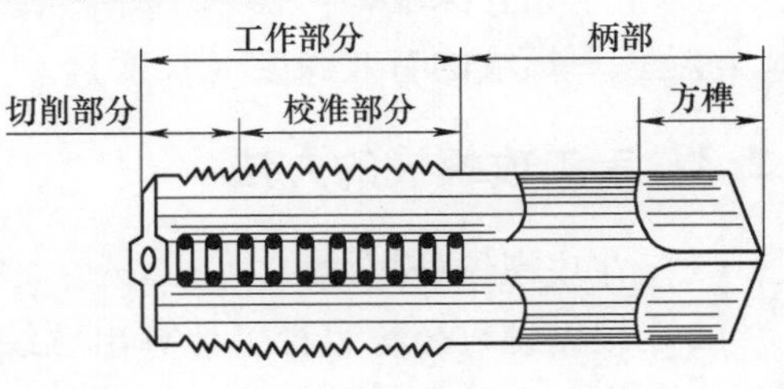

图7-3　丝锥构造

1. 丝锥

丝锥是加工内螺纹的工具，分有机用丝锥和手用丝锥，也有左旋和右旋以及粗牙和细牙之分，其构造如图7-3所示。

手用丝锥是钳工中常用工具，为了降低切削力和延长使用寿命，一般将整个切削工作量分配给几支丝锥来承担。通常M6～M24mm的手用丝锥一套两支，一支为头锥，另一支为二锥；M6mm 以下及 M24mm 以上的手用丝锥一套有三支，即头锥、二锥和三锥。

2. 铰杠

铰杠是用来夹持和转动丝锥的工具，分为普通铰杠和丁字铰杠，如图 7-4a、b 和 c 所示；这两类铰杠又可分为固定式和活络式。操作时都是把丝锥的方榫插入到铰杠的孔中，旋转铰杠攻螺纹。

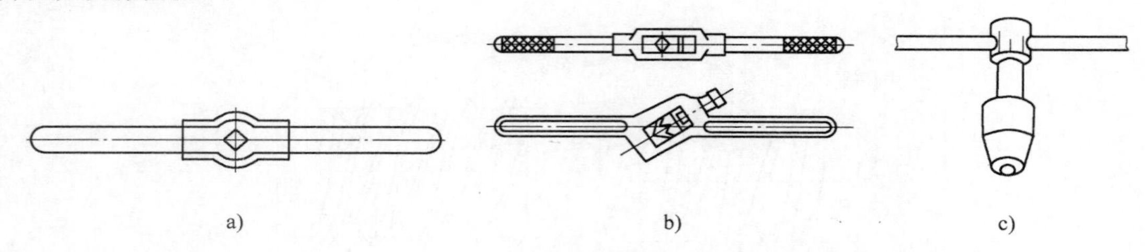

图 7-4　铰杠类型

a）固定式铰杠　b）活络式铰杠　c）丁字铰杠

7.2.2　攻螺纹前底孔直径和深度的确定

1. 底孔直径的确定

攻螺纹前的底孔直径应稍大于螺纹孔小径，主要是考虑到金属会产生塑料变形。确定底孔直径的经验公式如下。

（1）加工钢和塑性较大的材料

$$D_0 = D - P$$

式中　D_0——攻螺纹时钻螺纹底孔所用的钻头直径；

D——螺纹大径；

P——螺纹螺距。

（2）加工铸铁和塑性较小的材料

$$D_0 = D - (1.05 \sim 1.1)P$$

2. 底孔深度的确定

钻孔深度要大于螺纹的有效深度，一般情况下其值为

$$H = H_{有效} + 0.7D$$

式中　H——钻孔深度；

$H_{有效}$——螺纹的有效深度（长度）。

7.2.3　手工攻螺纹的方法

（1）在攻螺纹处划线。

（2）根据螺纹公称直径，计算出螺纹底孔直径并钻孔。钻孔完成之后，要对孔口进行倒角，倒角直径要大于螺纹直径；倒角的目的是使丝锥在开始切削时容易切入，防止孔口的螺纹挤压出凸边，方便螺栓旋入。

（3）用头锥起攻。起攻时，用右手掌按住铰杠中部，沿丝锥中心线用力加压，左手配

合顺向旋入，如图7-5a所示。或两手握住铰杠两端平衡施加压力，并将丝锥顺向旋进，保持丝锥中心线与孔中心线重合，如图7-5b所示。

（4）检查丝锥的垂直度。当丝锥攻入1～2圈后，应在前、后、左、右方向上用直角尺进行检查，如果发现不垂直，则应立即纠正，避免产生歪斜，如图7-6所示。

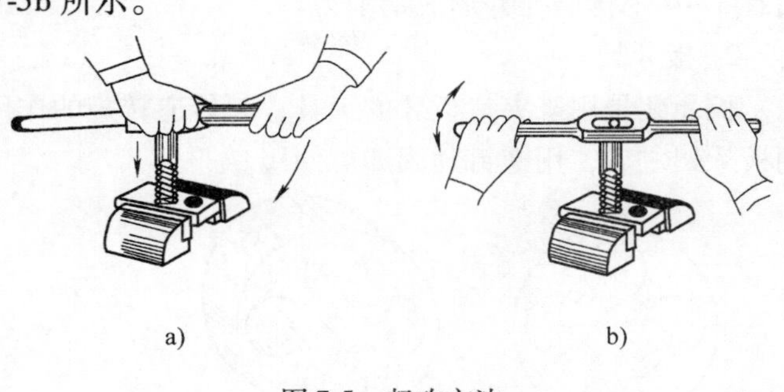

图7-5　起攻方法

a）方法1　b）方法2

（5）正常攻螺纹。当丝锥切入3～4圈后，丝锥的位置应正确无误，不再有明显偏斜；此时，切削部分已切入工件，每转1～2圈时，应反转1/4圈，以便切屑排出；只需要转动铰杠，而不应再对丝锥施加压力，否则螺纹牙形会被损坏，如图7-7所示。

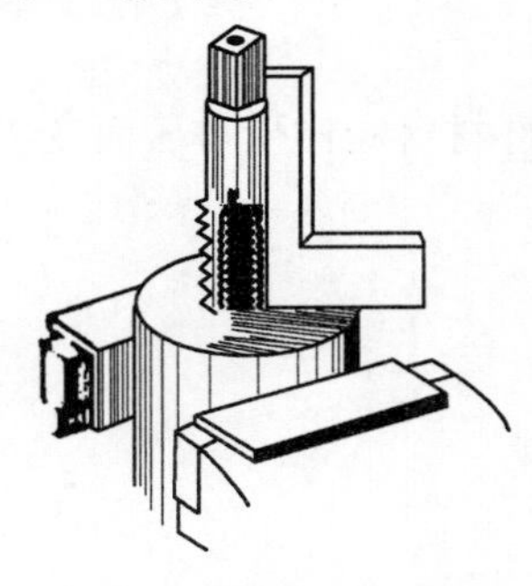

图7-6　螺纹垂直度检查

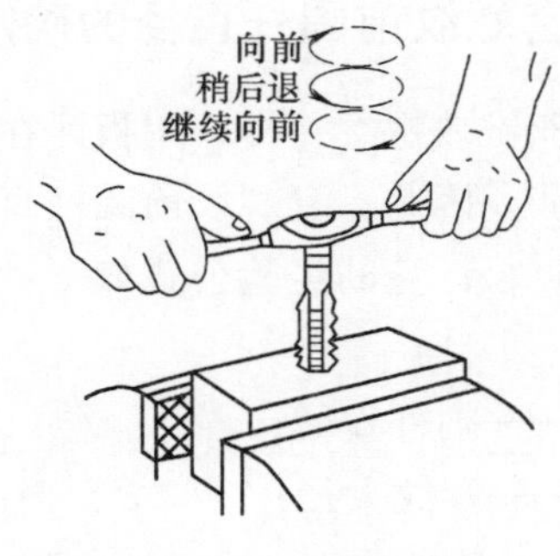

图7-7　攻螺纹

（6）用二锥、三锥攻螺纹。攻螺纹时，必须按头锥、二锥和三锥的顺序，直至达到标准要求的尺寸。

7.2.4　攻螺纹注意事项

（1）攻不通孔螺纹时，丝锥上要做好深度标记，并经常退出丝锥，清除切屑。

（2）攻螺纹时，要适当加入润滑油。攻铸铁材料的螺纹时，使用煤油；攻钢质材料的螺纹时，使用机油；攻铝或纯铜材料的螺纹时，使用乳化液。

7.3　套螺纹

套螺纹是指用板牙在圆杆上切出外螺纹的加工方法。

7.3.1　常用套螺纹工具

1. 板牙

板牙是用来加工外螺纹的工具，图7-8所示为圆板牙，其外形像一个圆螺母，外圆上的

4 个锥坑用来定位和紧固板牙（板牙要安装在板牙架上，使其工作时相对不动）；内孔上面钻有 3 ~4 个排屑孔并形成切削刃。

2. 板牙架

板牙架是用来夹持板牙的工具，起传递转矩的作用，图 7-9 所示为圆板牙架。板牙放入到板牙架之后，用螺钉紧固即可使用。

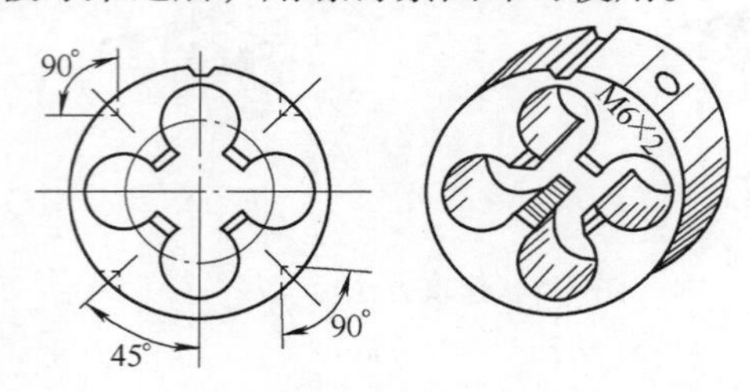

图 7-8 圆板牙

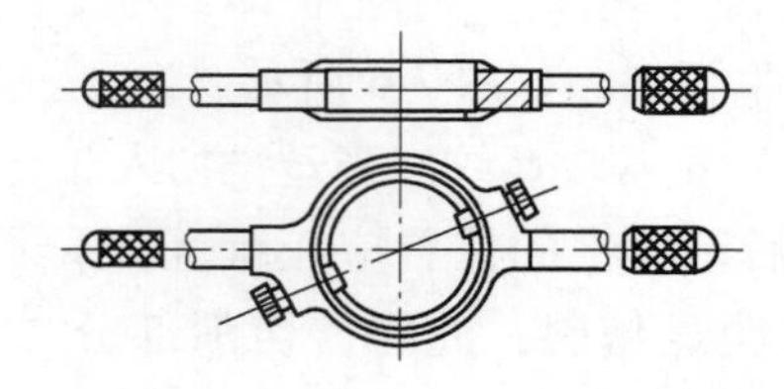

图 7-9 板牙架

7.3.2 套螺纹前圆杆直径的确定

与用丝锥攻螺纹一样，用板牙在圆杆上套螺纹时，工件材料同样受挤压而变形，牙顶将被挤高一些，因此，套螺纹前圆杆直径稍小于螺纹的大径。

圆杆直径计算的经验公式如下：

$$d_0 = d - 0.13P$$

式中 d_0——圆杆直径；

d——螺纹大径；

P——螺距。

7.3.3 手工套螺纹的方法

套螺纹与攻螺纹过程基本相似，步骤如下。

1. 倒角

套螺纹前的圆杆端部应倒角，方便板牙对准工件中心，同时也容易切入，如图 7-10 所示。

2. 起套螺纹

开始套螺纹时，一只手掌按住铰杠中部，沿圆杆轴线方向施加压力，另一只手则配合向顺时针方向切进，动作要慢，压力要大，如图 7-11 所示。

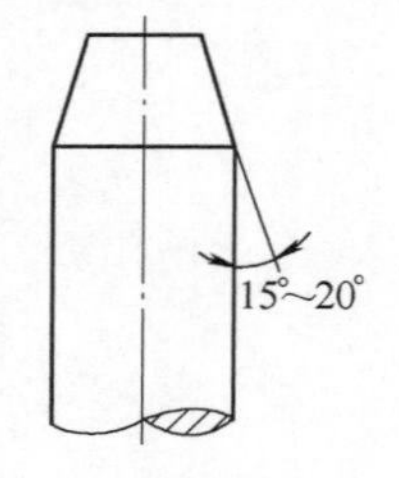

图 7-10 圆杆的倒角

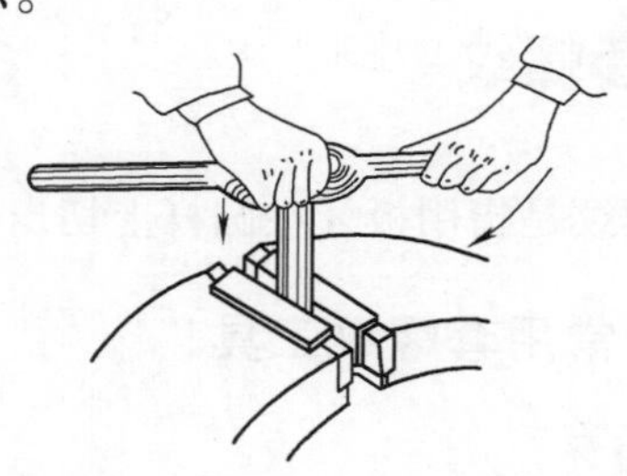

图 7-11 套螺纹操作

3. 检查板牙垂直度

如图7-12所示，在板牙套出2～3牙时，要及时检查板牙端面与圆杆轴线的垂直度。

4. 正常套螺纹

正常套螺纹时，在套出3～4牙后，可只转动而不加压力，让板牙依靠螺纹自然引进，以免损坏螺纹及板牙，如图7-13所示。

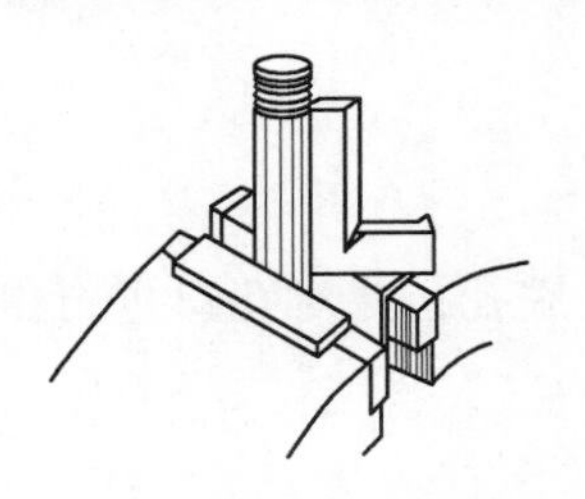

图7-12　板牙垂直度检查

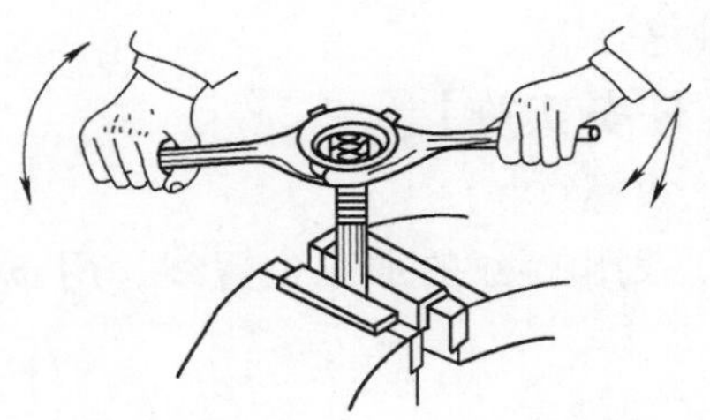

图7-13　正常套螺纹

5. 套螺纹中的排屑

套螺纹过程中，也应经常反转板牙1/4～1/2圈，以便于断屑和排屑。

7.4　技能训练

【任务内容】

对图7-14、图7-15所示工件进行攻螺纹和套螺纹。

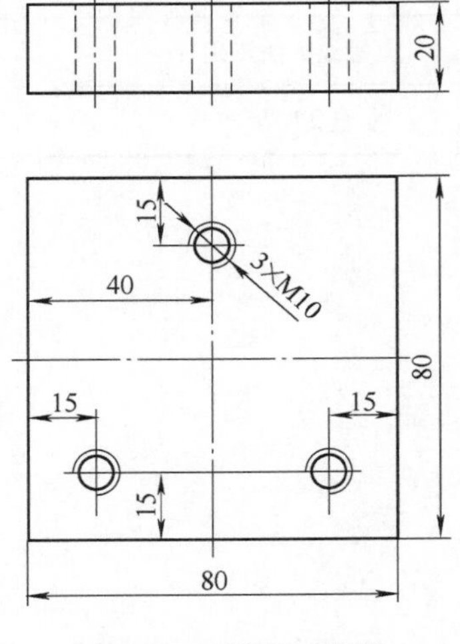

图7-14　对通孔攻螺纹

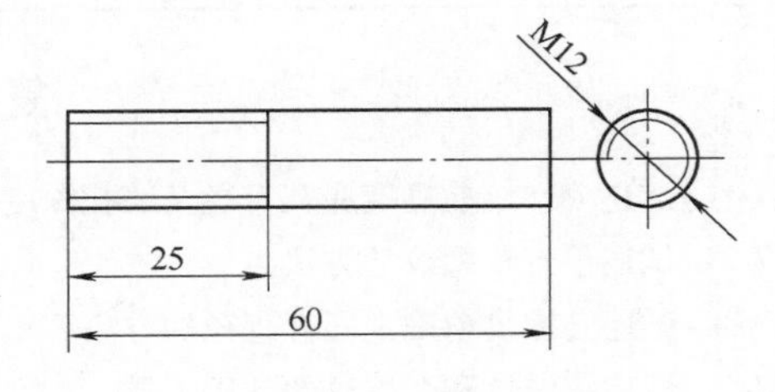

图7-15　对圆杆套螺纹

【任务分析】

本任务是对通孔攻螺纹及圆杆套螺纹，任务较简单。通过攻螺纹、套螺纹的操作，掌握攻螺纹及套螺纹的前期相关准备工作及人工攻螺纹、人工套螺纹的操作方法；学会分析与处理攻螺纹和套螺纹中常见的问题；掌握确定攻螺纹底孔直径和套螺纹圆杆直径的方法。

【任务准备】

准备 80mm × 80mm × 20mm、ϕ12mm × 60mm（前端倒角 1mm × 45°）毛坯材料，钻床、游标卡尺、游标高度卡尺、毛刷、ϕ8. 5mm 钻头、M10mm 丝锥、铰杠、M12mm 板牙及倒角用刀具等。

【任务实施】

1. 攻螺纹

1）划出螺纹的加工位置线、用 ϕ8. 5mm 钻头钻螺纹底孔，并对孔口进行倒角 1mm × 45°。

2）攻螺纹。

3）用螺栓进行试配。

2. 套螺纹

1）划出螺纹加工位置线。

2）用板牙套螺纹。

【任务评价】

记录评价表见表 7-1。

表 7-1 记录评价表

类型	项目及技术要求	是否满足要求	类型	项目及技术要求	是否满足要求
攻螺纹	15mm ±0. 4mm（3 处）		螺纹	25mm 长度正确	
	40mm ±0. 4mm（1 处）			牙型完整正确	
	螺纹孔倒角 1mm × 45°			套螺纹方法正确	
	攻螺纹方法正确			安全文明生产	
	安全文明生产				

复习思考题

7-1 试述攻螺纹前确定底孔直径及底孔深度的方法。

7-2 试述手工攻螺纹的方法。

7-3 试述套螺纹前确定圆杆直径的方法。

7-4 试述攻螺纹和套螺纹的常用工具。

第 8 章　刮削和研磨操作

【学习要点】

刮削原理、工具及刮削方法。

研磨原理、工具及研磨方法。

8.1　刮削

8.1.1　刮削概述

刮削是指用刮刀刮除工作表面薄层的加工方法，刮削加工属于精加工。

1. 刮削原理

将工件与校准工具或其他相配合的工件之间涂上一层显示剂，经过对研，使工件上较高的部位显示出来，然后用刮刀进行微量刮削，刮去较高部位的金属层。刮削时，刮刀对工件还有推挤和修光作用，经过反复地刮削，能使工件的加工精度达到预定的要求。

2. 刮削特点

刮削属于精加工，具有切削余量小、切削力小、产生热量小和装夹变形小等特点，能获得很高的尺寸精度、几何精度和很小的表面粗糙度值。通过刮削加工后的工件表面，由于多次反复地受到刮刀的推挤和压光作用，使工件表面组织变得比原来紧密，并得到较细的表面粗糙度。

刮削后的工件表面还能形成较均匀的微浅凹坑，可创造良好的存油条件，改善相对运动件间的润滑情况，如机床导轨副之间的相对运动等。

3. 刮削余量

刮削余量不宜太大，机械加工后留下 0.04 ~0.4mm，作为刮削余量即可。

4. 刮削种类

刮削主要有平面刮削和曲面刮削两大类。

8.1.2　刮削工具

刮削工具主要有刮刀和校准工具。

1. 刮刀

刮刀是刮削的主要工具。由于工件形状不同，因此要求刮刀的形状也不同。

（1）平面刮刀　如图 8-1 所示，平面刮刀有直头和弯头两种。刮刀头部形状如图 8-2 所示，分别为粗刮刀、细刮刀和精刮刀。

（2）曲面刮刀　用于刮削内曲面的刮刀称为曲面刮刀，常用的有三角刮刀、蛇头刮刀和柳叶刮刀等，如图 8-3 所示。

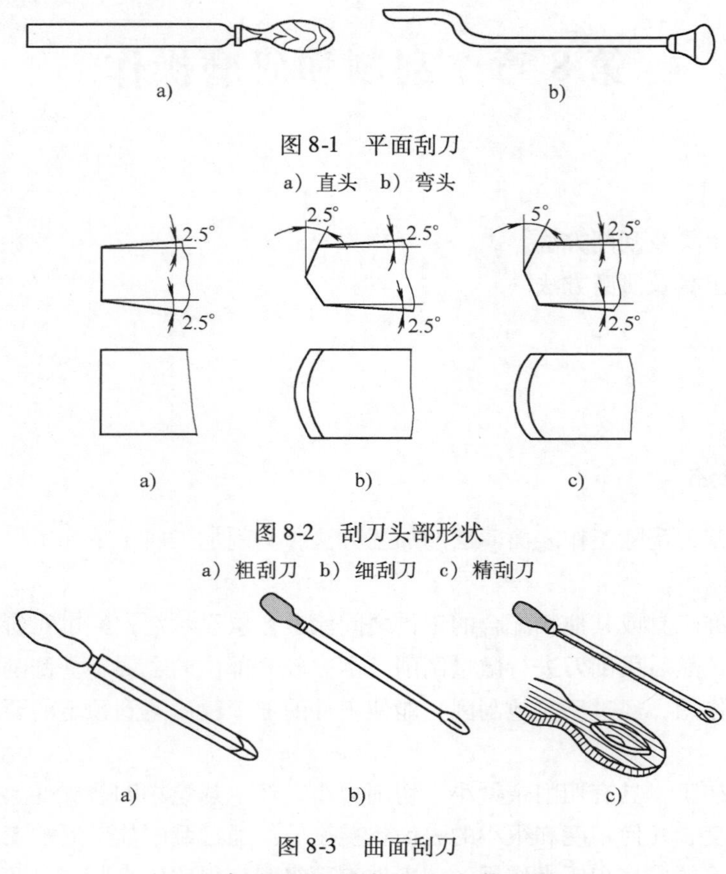

图 8-1　平面刮刀

a）直头　b）弯头

图 8-2　刮刀头部形状

a）粗刮刀　b）细刮刀　c）精刮刀

图 8-3　曲面刮刀

a）三角刮刀　b）蛇头刮刀　c）柳叶刮刀

2. 校准工具

校准工具是用来推磨研点和检查被刮面准确性的工具，也称为研具。常用的校准工具有标准研板（通用平板）、校准直尺、角度直尺以及根据被刮面形状设计制造的专用校准型板等，如图 8-4 所示。

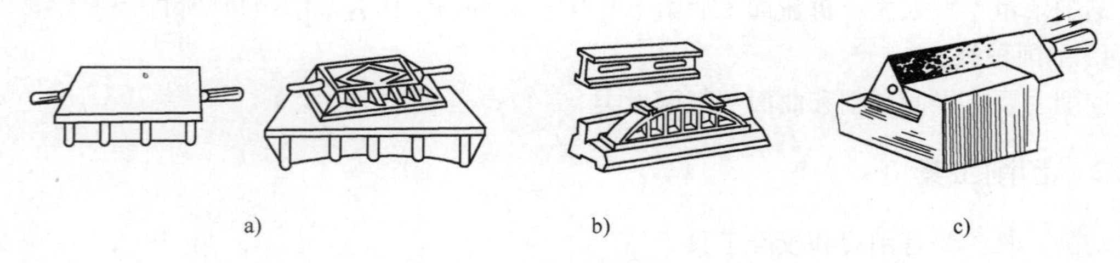

图 8-4　校准工具

a）校准研板　b）校准直尺　c）角度直尺

3. 显示剂

工具和校准工具对研时，所加的涂料称为显示剂，其作用是显示工件误差的位置和大小。常用的显示剂有红丹粉和蓝油，红丹粉在使用时加机油调制，应用于钢和铸件；蓝油用于精密工件和非铁金属材料等。

（1）显示剂用法　刮削时，显示剂可涂在工件表面上，也可涂在校准件上。当校准工具与刮削表面合在一起对研后，凸起部分就会显示出来。当显示剂涂在工件表面上，工件表面显示的结果是红底黑点，没有闪光，容易看清楚，适于精刮削；当显示剂涂在校准件上，只在工件表面的高处着色，研点暗淡，不易看清楚，适于粗刮时选用。

（2）显点的方法及注意事项

1）对于中、小型工件，一般是标准研板固定不动，工件被刮削平面在研板上推研。如果工件被刮削面小于研板面，推研时最好不超过研板；如果被刮削面等于或稍大于研板面，则允许超过研板，但超出部分应小于工件长度的1/3。

2）对于大型工件，若是工件的被刮削面长度大于研板若干倍，则将工件固定，用研板在工件的被刮削面上推研。推研时，研板超出工件被刮削面的长度应小于研板长度的1/3。

8.1.3　刮削方法

1. 平面刮削

平面刮削一般要经过粗刮、细刮、精刮和刮花四个步骤。

（1）粗刮　用粗刮刀在被刮削面上均匀地铲去一层较厚的金属。采用连续推铲的方法，粗刮能很快地去除工件上的刀痕、锈斑或过多的加工余量。当粗刮到每25mm×25mm的方框内有2~3个研点时，可转入细刮。

（2）细刮　用精刮刀在被刮削面上刮去稀疏的大块研点，目的是进一步改善被刮削面的不平现象。采用短刮削方法，刀具痕迹宽而短。当粗刮到每25mm×25mm的方框内有12~15个研点时，完成细刮。

（3）精刮　用精刮刀更仔细地刮削研点，其目的是增加研点，改善表面质量，使被刮削面符合精度要求。精刮时，刀迹长度在5mm左右，落刀要轻、提刀要快，每个点只能刮一次，不得重复，并始终交叉进行。当精刮到每25mm×25mm的方框内有20个以上研点时，完成精刮。

（4）刮花　刮花是在被刮削面或机器外观表面上用刮刀刮出装饰性的花纹，目的是使被刮削面美观，如图8-5所示。

a)

b)

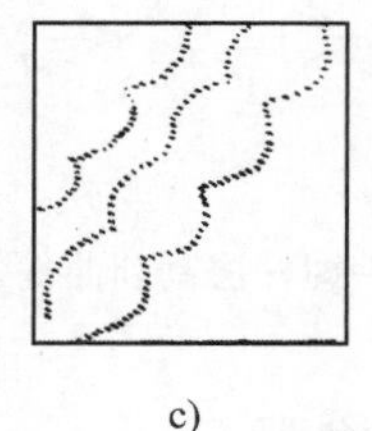
c)

图8-5　刮削的花纹

a）斜花纹　b）鱼鳞花纹　c）半月花纹

2. 平面刮削姿势

（1）挺刮式　将刮刀柄放在小腹右下股肉处，双手握住刀杆离切削刃约70~80mm处，左手在前，右手在后。利用腿部和臂部的力量使刮刀向前推挤，双手引导刮刀前进；在推挤后的瞬间，用双手将刮刀提起，完成一次刮削，如图 8-6 所示。

（2）手推式　右手握住刀柄，左手握住刀杆且距离切削刃约 50 ~ 70mm 处，刮刀与被刮削面成 25° ~ 30°角，同时，左脚前跨一步，上身向前倾。刮削时，右臂利用上身摆动向前推，左手向下压，并引导刮刀向前运动；在下压推挤的瞬间迅速抬起刮刀，完成一次刮削，如图 8-7 所示。

图 8-6　挺刮式

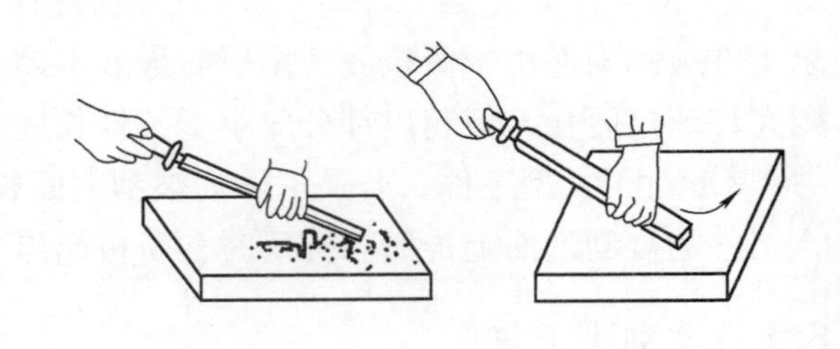

图 8-7　手推式

3. 曲面刮削

曲面刮削有内圆柱面刮削、内圆锥面刮削和球面刮削等。曲面刮削的原理与平面刮削一样，只是曲面刮削使用的刀具和掌握刀具的操作方法与平面刮削有所不同。

4. 曲面刮削姿势

（1）右手握杆法　右手握刀柄，左手掌心向下用四指横握刀杆，大拇指抵着刀身。刮削时，右手做半圆周转动，左手顺着曲面方向拉动或推动做螺旋形运动，与此同时，刮刀做轴向运动，如图 8-8 所示。

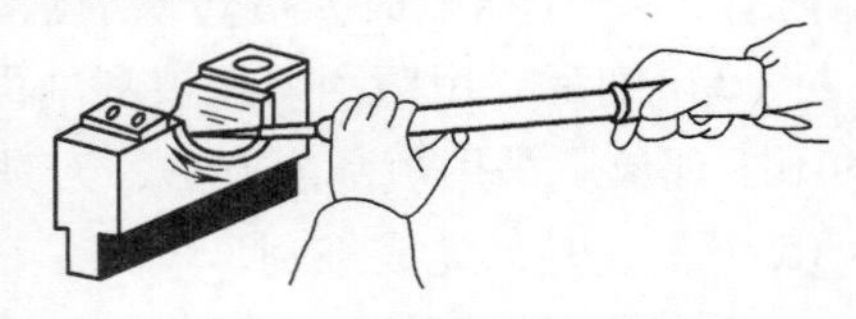

图 8-8　右手握杆法刮削曲面

（2）双手握杆法　刮刀柄搁在右手臂上，双手握住刀杆。刮削时，左右手动作与右手握刀柄法相同，如图 8-9 所示。

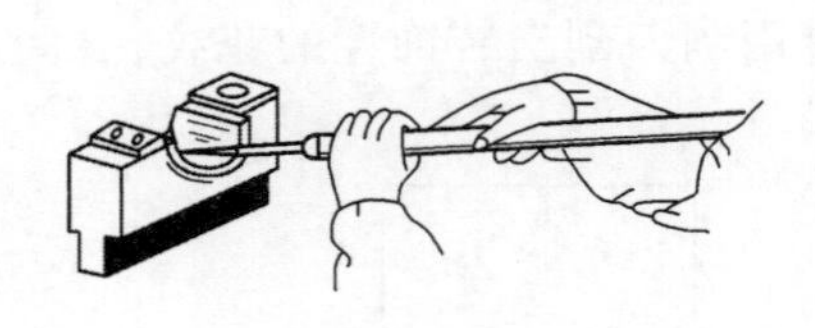

图 8-9　双手握杆法刮削曲面

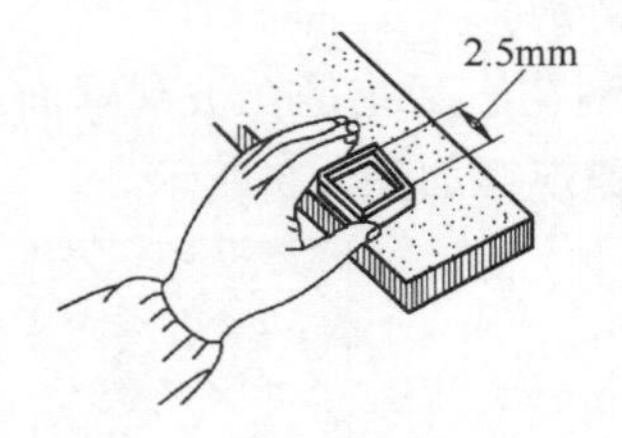

图 8-10　研点数检查

8.1.4　刮削质量检查

刮削质量主要包括尺寸精度、几何精度、接触精度、贴合精度和表面精度等。

刮削质量的检查方法根据工件的工作要求不同而不同。最常用方法是用边长 2.5mm 的正方形方框罩在被检查面上，根据方框内的研点数目多少决定接触精度，如图 8-10 所示。各种平面的接触精度及其应用场合见表 8-1，滑动轴承内孔的接触精度见表 8-2。

表8-1 各种平面的接触精度及其应用场合

平面种类	每25mm×25mm方框内的研点数	应用场合
一般平面	2~5	较粗糙平面的固定结合面
	5~8	一般结合面
	8~12	机器台面、一般基准面、机床导向面、密封结合面
	12~16	机床导轨及导向面、工具基准面、量具接触面
精密平面	16~20	精密机床导轨、平尺
	20~25	1级平板、精密量具
超精密平面	>25	0级平板、高精度机床导轨、精密量具

表8-2 滑动轴承内孔的接触精度

轴承直径/mm	机床或精密机械主轴轴承			锻压设备和通用机械的轴承		动力机械冶金设备的轴承	
	高精度	精密	普通	重要	普通	重要	普通
	每25mm×25mm方框内的研点数						
≤120	25	20	16	12	8	8	5
>120	—	16	10	8	6	6	2

8.1.5 刮削时常见的质量问题及产生原因

刮削时常见的质量问题及其产生的原因见表8-3所示。

表8-3 刮削时常见的质量问题及产生原因

常见质量问题	产生原因
刮削表面深凹痕迹	刮削时刮刀倾斜；用力太大；刃口弧形刃磨过小
刮削表面有一种连续的波浪纹	刮削方向单一，刀痕没有交叉；推刮行程太长，引起刀杆振动
丝纹	切削刃不锋利；切削刃部分较粗糙；研点时夹杂砂粒、铁屑等杂质
尺寸和精度达不到要求	工件旋转不稳；检验工具本身不正确；推研压力不均匀

8.2 研磨

8.2.1 研磨概述

研磨是指用研磨工具和研磨剂，从工件上研去一层极薄表面层的精加工方法。

1. 研磨原理

研磨是以物理和化学作用除去零件表层金属的一种加工方法，其中包含着物理和化学的综合作用。

2. 研磨的作用

可使工件获得很高的尺寸精度和很低的表面粗糙度值，达到车床、铣床及磨床等达不到的效果；研磨后零件的耐磨性、抗腐蚀能力及寿命都能相应提高。

3. 研磨余量

研磨余量是切削量很少的精密加工，每研磨一遍所能磨去的金属层不超过 0.002mm。因此，研磨余量不能太大，一般在 0.005 ~0.03mm 之间。

8.2.2 研磨工具

1. 常用研磨工具的材料

对研磨工具的基本要求是：材料的组织要细致均匀、有很高的稳定性和耐磨性，研磨工作面的硬度要比被研磨工件表面材料的硬度稍软，具有良好的嵌存磨料性能。一般用灰铸铁、球墨铸铁、铜及软钢材料制作。

2. 研磨工具的类型

（1）研磨平板　如图 8-11 所示，研磨平板有光滑平板和有槽平板两类，主要用于研磨平面，如研磨块规、精密量具的平面等。有槽平板用于粗研磨，易于将工件压平，防止研磨面变成凸圆弧；精研时应在光滑平板上进行。

（2）研磨环　研磨环主要用来研磨外圆柱表面，如图 8-12 所示。当研磨一段时间之后，如研磨环内孔磨大，可拧紧如图 8-12a 所示的调节螺钉 3，使孔径缩小；如图 8-12b 所示的研磨环，其孔径通过右边的螺钉可调整。

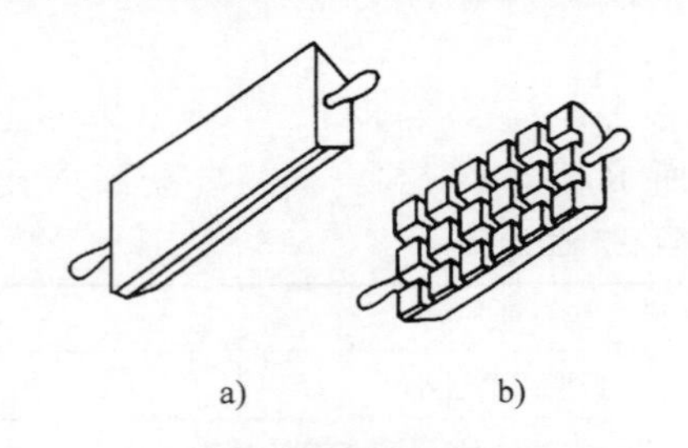

图 8-11　研磨平板

a）光滑平板　b）有槽平板

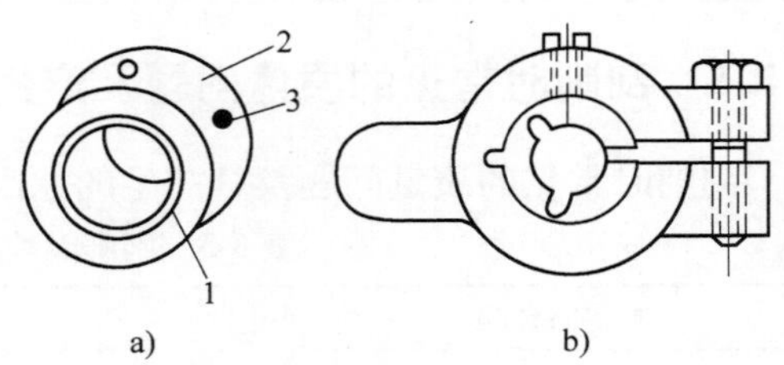

图 8-12　研磨环

a）拧紧调节螺钉 3　b）通过螺钉调节孔径

1—开口调节圈　2—外圈　3—调节螺钉

（3）研磨棒　主要用于圆柱孔的研磨，有固定式和可调节式，如图 8-13 所示。

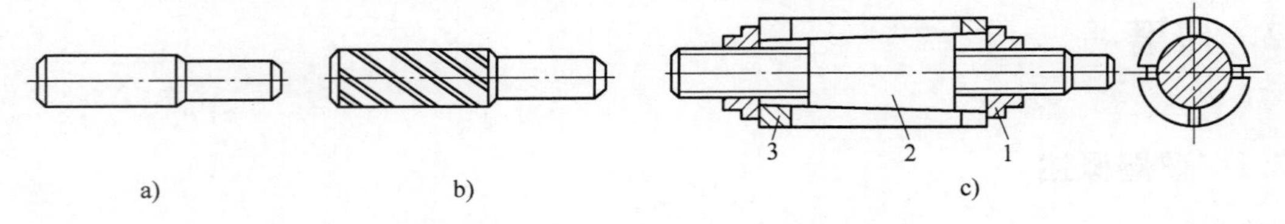

图 8-13　研磨棒

a）固定式光滑研磨棒　b）固定式有槽研磨棒　c）可调式研磨棒

1—调整螺母　2—锥度心轴　3—开槽研磨套

固定式研磨棒磨损之后无法补偿，多用于单件研磨或机修中。有槽研磨棒用于粗研磨，无槽研磨棒用于精研磨；可调式的研磨棒能在一定尺寸范围内进行调整，适用于成批生产中。

8.2.3　研磨剂

研磨剂是由磨料和研磨液调和而成的混合剂，其作用是使工件表面形成氧化膜，加速研磨过程。

1. 磨料

磨料在研磨过程中起切削作用。常用的磨料有氧化物磨料、碳化物磨料及金刚石磨料等。

2. 研磨液

研磨液在研磨中起调和磨料、冷却和润滑的作用。常用的研磨液有煤油、汽油、工业用甘油等。

8.2.4　研磨方法

1. 平面研磨

（1）一般平面　如图8-14所示，被研磨工件沿研磨平板全部表面，采用8字形、仿8字形或螺旋形运动轨迹进行。研磨时工件受压要均匀，压力大小要适中。压力大，研磨切削量大，表面粗糙度值也大；另外，手工研磨速度不宜太快，否则会引起工件发热，降低研磨质量。

（2）狭窄平面　如图8-15所示，为了防止被研磨平面产生倾斜和圆角，研磨时应用金属块做成“导靠”，如图8-15a所示，采用直线轨迹研磨。图8-15b的样板要研磨成具有一定半径的圆角，应采用摆动式直线研磨运动轨迹。

图8-14　平面研磨

图8-15　狭窄平面的研磨

2. 圆柱研磨

圆柱研磨一般是由手工与机器配合进行研磨的，有外圆柱面与内圆柱面研磨之分。外圆柱面研磨如图8-16a所示，工件由车床主轴带动旋转，工件上面均匀涂上研磨剂，用手推动研磨环，通过工件的旋转和研磨环在工件上沿轴线方向的往复运动进行研磨，研磨时主轴转速与研磨环移动速度要适当。图8-16b所示为速度引起的表面纹理变化。一般情况下，工件直径小于80mm时，研磨环移动速度为100mm/min左右；工件直径大于100mm时，研磨环移动速度速约为50mm/min。

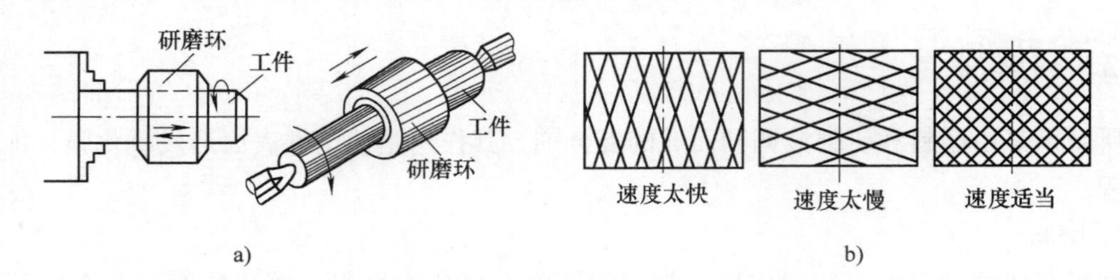

图 8-16　外圆柱面研磨

a）车床上研磨　b）研磨表面质量变化

3. 圆锥研磨

研磨圆锥表面时，研磨棒工作部分的长度应是工件研磨长度的 1.5 倍左右，研磨棒的锥度必须与工件的锥度相同。研磨棒有固定式和可调节式两种，研磨棒上开槽的目的是存放研磨剂，如图 8-17 所示。研磨圆锥面时，一般在车床或钻床上进行，转动方向应与研磨棒的螺旋方向相适应，如图 8-17 所示。

研磨基本操作方法是：在研磨棒上均匀地涂上一层研磨剂，插入到工件锥孔内旋转 4 ~ 5 圈后，将研磨棒稍微拔出一些，然后再推进研磨，如图 8-18 所示。

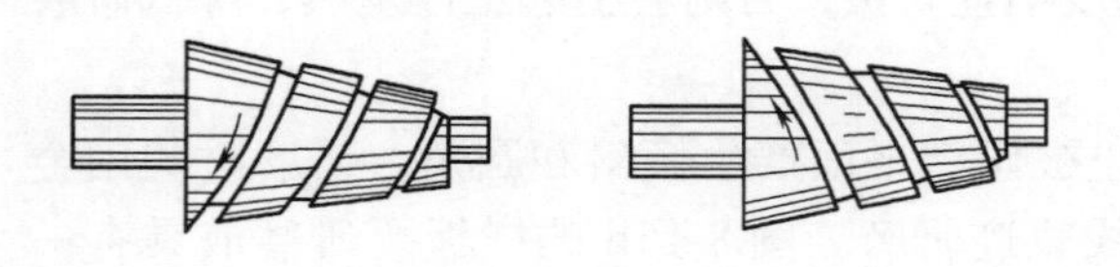

图 8-17　圆锥面研磨棒

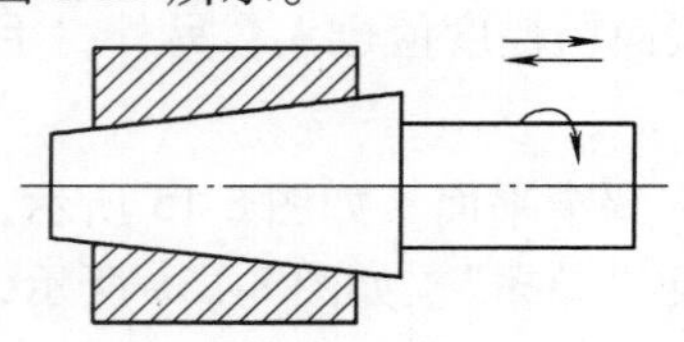

图 8-18　研磨圆锥面

8.3 技能训练

【任务内容】

对如图 8-19 所示平板工件的 *A* 面、图 8-20 所示曲面工件的 *B* 面（曲面）进行刮削。

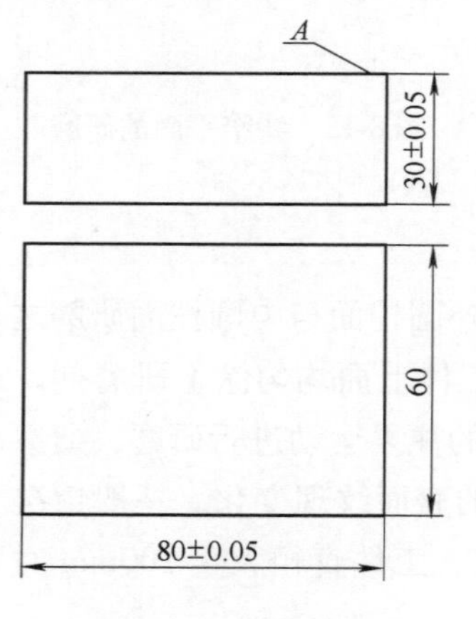

图 8-19　平板工件

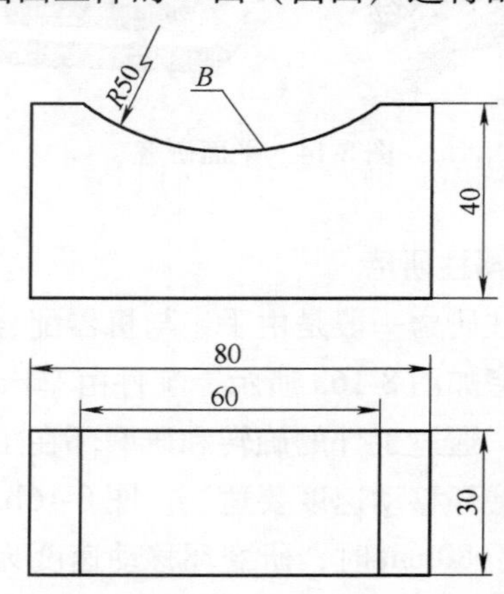

图 8-20　曲面工件

【任务分析】

本任务主要对平面 A 和曲面 B 进行刮削。通过刮削训练，掌握平面、曲面的刮削姿势要领，掌握平面和曲面的刮削方法，刀具选择、检测方法；掌握曲面的显点方法。

【任务准备】

三角刮刀，油石，显示剂，其他各种刮刀、油石、毛刷及刮削工件。

【任务实施】

1）根据本任务选择刀具。

2）对工件表面进行擦试处理，锐边倒角以防伤手。

3）将工件放置平稳或正确夹持。

4）刮削开始，注意操作姿势及显点方法。

【任务评价】

记录评价表见表 8-4。

表 8-4　记录评价表

项目及技术要求	是否满足要求	项目及技术要求	是否满足要求
刮削姿势正确		无深凹纹	
刀迹整齐、点子均匀		安全文明生产	
无振纹			

复习思考题

8-1　试述刮削的原理及常用工具。

8-2　试述显示剂的种类和用法。

8-3　试述粗刮、细刮、精刮和刮花的不同点。

8-4　试述刮削质量的检查方法。

8-5　试述研磨的作用及常用工具。

8-6　试述平面、圆柱面及圆锥面研磨方法。

第9章　矫正、弯形和铆接操作

【学习要点】

手工矫正的方法。

根据图样尺寸进行弯形毛坯尺寸的计算。

铆接与拆卸铆钉的方法。

9.1　矫正

9.1.1　矫正概述

矫正是通过外力作用，消除材料或制件的不平、不直、弯曲及翘曲等缺陷的一种加工方法。

1. 矫正实质

矫正是使金属材料或型板产生新的塑性变形，以消除原有的不平、不直、弯曲及翘曲变形。金属板材料或型材出现不平、不直、弯曲及翘曲等现象，其原因有多种，如外力作用、运输或存放管理不当等。

注：金属材料的变形有两种：一种是在外力作用下材料发生变形，当外力去除后仍能恢复原状，这种变形称为弹性变形；另一种是当作用于金属材料的外力去除之后，不能恢复原状的变形，这种变形称为塑性变形。

2. 矫正分类

按矫正工件时的温度分类，矫正分为冷矫正和热矫正。按矫正时产生矫正力的方法分类，分为手工矫正，机械矫正，火焰矫正和高频点矫正等。

9.1.2　手工矫正的工具

1. 平板、铁砧和台虎钳

平板、铁砧和台虎钳是板材矫正和型材矫正的基本工具。图9-1所示为铁砧，较重。把待矫正件放在铁砧上面，能进行弯曲、平直矫正等操作。

2. 锤子

对于一般材料的矫正，通常使用圆头锤子和方头锤子，如不能特殊指定，本书中多为圆头的锤子。矫正已加工过的薄钢件、非铁金属材料制件，多应用铜锤、木锤、橡胶锤等软锤，如图9-2所示。

3. 弯管与螺旋压力工具

弯管与螺旋压力工具用于矫正较大的轴类零件或棒料，如图9-3所示。

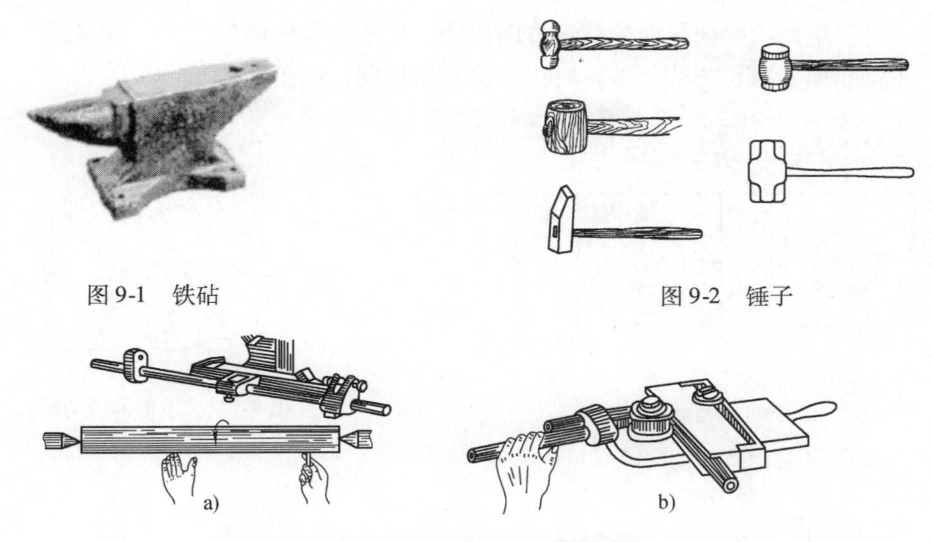

图9-1　铁砧

图9-2　锤子

图9-3　弯管工具和螺旋压力工具
a）弯管工具　b）螺旋压力工具

4. 检验工具

矫正精度的检验工具主要有平板、直角尺、直尺和百分表等。

9.1.3　手工矫正方法

一般情况下，手工矫正方法主要采用锤击或利用简单工具、设备来进行。矫正工具为锤子、平台、台虎钳和V形块等。矫正的方法主要有延展法、扭转法、弯形法和伸张法。

1. 延展法

使金属薄板由中部凸凹、边缘呈波浪形以及扭曲等变形，变为平直的方法，称为延展法。薄板中间的凸起是由变形后中间材料变薄引起的。矫正时，可锤击板料边缘，使边缘延展变薄，此时，边缘板料的厚度与凸起部位的厚度越接近，则越平整。中间凸起薄板的矫正如图9-4所示。若直接锤击凸起部位，则会使凸起部位变薄，这样不但达不到矫平的目的，反而凸起更为严重，如图9-4a所示；应按图9-4b箭头所示方向，由里向外逐渐由轻到重、由稀到密锤击，这样才能使薄板凸起部位逐渐消除，最后达到平整要求。

如果薄板表面有几处相邻的凸起，应先在凸起的交界处轻轻锤击，使几处凸起合并成一处，然后再敲击四周从而矫平薄板。

如果薄板四周呈波浪形，如图9-5所示，锤击点要从四周向中间，按箭头所示方向进行，力量逐渐减小，经多次反复锤打可使薄板达到平整。

如果板料是铜箔、铝箔等薄而软的材料，可用平整的木块在平板上推压材料的表面。如有必要锤击，可用木锤或橡皮锤来击打。

2. 扭转法

扭转法是用来矫正条料扭曲变形的一种方法，一般将条料夹持在台虎钳上，用扳手对工件施以扭矩，使之扭转到原来的形状。图9-6所示为薄钢条料的矫正，将条料的一端用台虎钳夹住，另一端用扳手向扭曲的相反方向扭转，待扭曲变形消失之后，再用锤击的方法将其矫平。角钢扭曲的矫正方法与条料矫正方法基本相同，如图 9-7 所示。

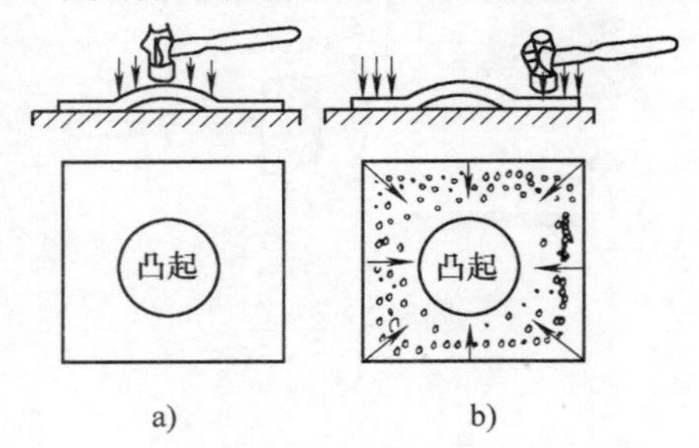

图 9-4　中间凸起薄板的矫正

a）不正确　b）正确

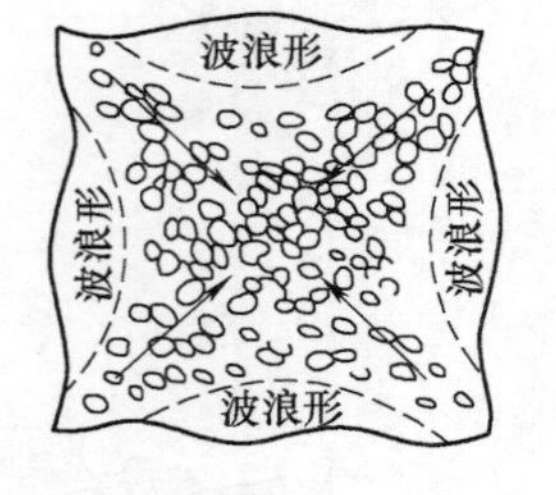

图 9-5　波浪形薄板的矫正

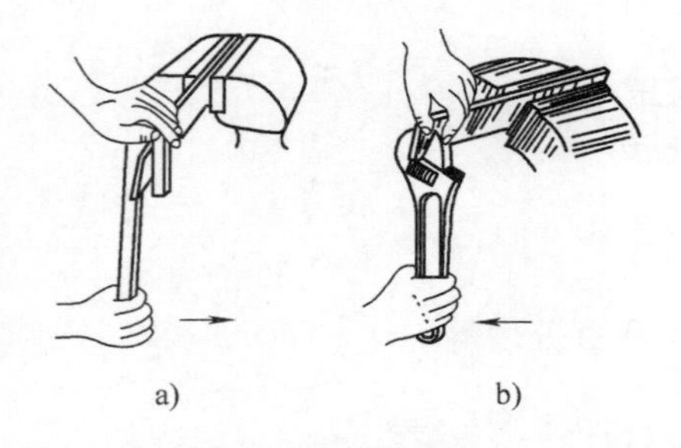

图 9-6　扁钢扭曲的矫正

a）叉形扳手矫正　b）活络扳手矫正

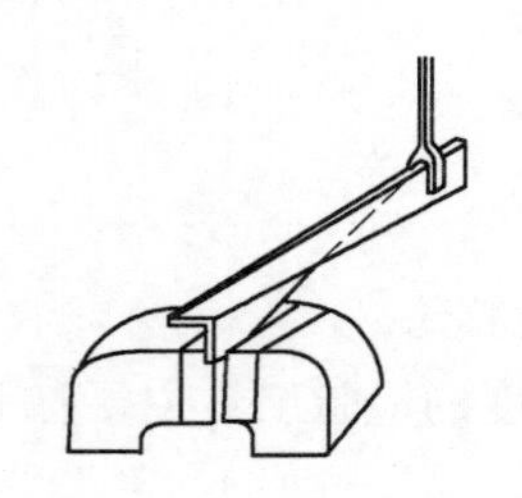

图 9-7　角钢扭曲的矫正

3. 弯曲法

弯曲法用来矫正各种弯曲的棒料和宽度方向上有弯曲的薄条料。直径较小的棒料和薄条料可夹在台虎钳上用扳手矫正，如图 9-8 所示，使弯曲处初步矫直；或将弯曲处放入台虎钳内，用台虎钳初步压直，再放到平板或铁砧上用锤子敲击到平直为止。直径较大的棒料和较厚的条料，可用压力机械校正。

4. 伸张法

伸张法是用来矫正各种细长线材的。将线材一头固定，然后在固定处开始，将弯曲材料绕圆木一周，捏紧圆木向后拉，使线材在拉力作用下绕过圆木而得到伸长矫正，如图 9-9 所示。

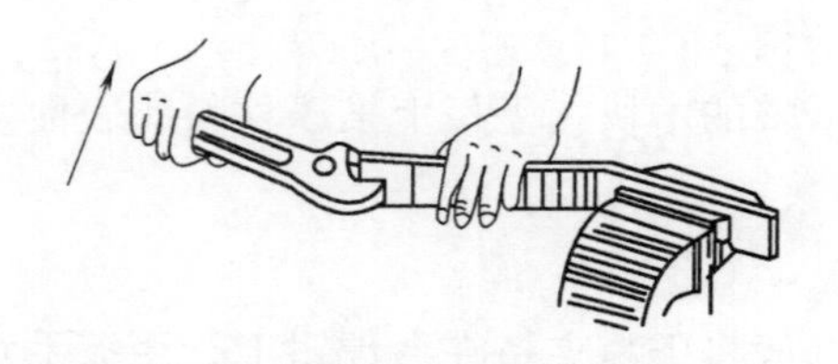

图 9-8　棒料和薄条料的矫正

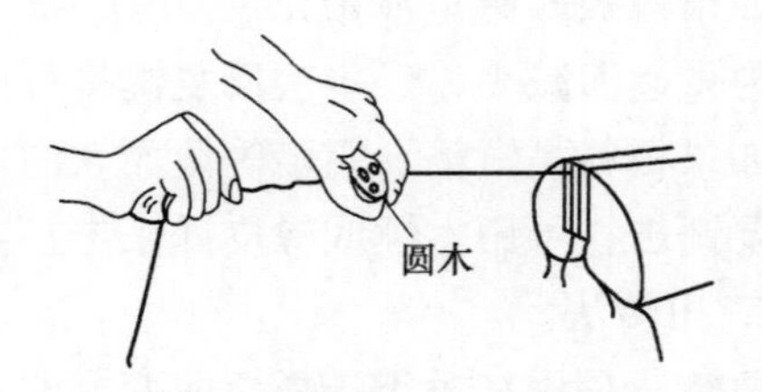

图 9-9　伸张法矫正线材

9.2　弯形

9.2.1　弯形概述

弯形是指将原来平直的坯料弯成所需要形状的加工方法。塑性较好的材料才能进行弯形，而弯形的目的是使材料产生塑性变形，图9-10所示是工件弯形前后的情况。弯形前工件材料如图9-10a所示；钢板弯形后外层材料伸长（图9-10b中的 e—e 和 d—d），内层材料缩短（图9-10b中的 a—a 和 b—b），中间一层（图9-10b中的 c—c）材料长度不变，称为中性层。

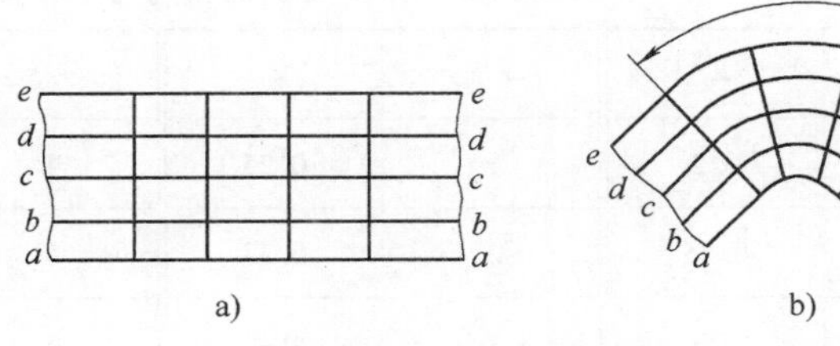

图9-10　钢板弯形前后状态

a）弯形前　b）弯形后

弯形时，越靠近材料表面金属的变形越严重，也就越容易出现拉裂或压裂现象。相同材料的弯形，外层材料变形的大小取决于弯形半径；弯形半径越小，外层变形越大。为了防止弯形件被拉裂或压裂，要限制弯形半径，使它大于材料的临界弯形半径，即最小弯形半径。

最小弯形半径数值由试验确定。一般情况下，常用钢材的弯形半径如果大于材料厚度的2倍，一般不会产生裂纹。

9.2.2　弯形毛坯长度的计算

弯形后，被弯材料中性层长度不变，计算弯形毛坯的长度时，按中性层的长度来计算。

图9-11所示为几种常见的弯形形式，其中，图9-11a ~ c所示为内边带圆弧的制件，图9-11d为内边不带圆弧的直角制件。

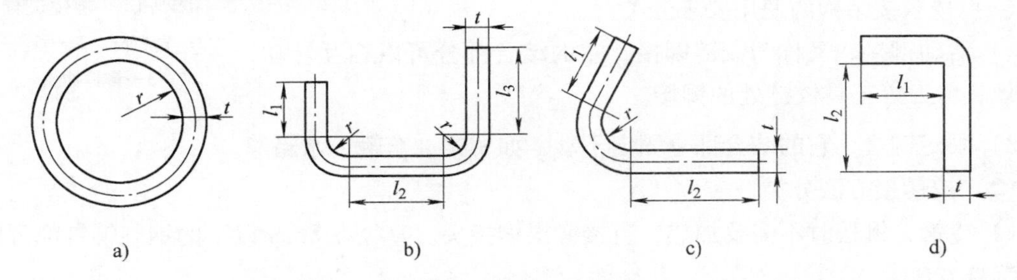

图9-11　常见的弯形形式

a）内边带圆弧环形制件　b）内边带圆弧U形制件　c）内边带圆弧折弯制件

d）内边不带圆弧直角制件

根据图9-12所示，内边带圆弧制件，其毛坯长度等于直线部分（不变形部分）和圆弧部分（弯形部分）中性层长度之和。其中，圆弧部分的中性层长度计算公式如下：

$$A = \pi(r + x_0 t)\alpha/180°$$

式中 A——圆弧部分的中性层长度，单位为 mm；

r——弯形半径，单位为 mm；

x_0——中性层位置系数；某一塑料材料的弯形中性层位置系数值见表 9-1；

t——材料厚度，单位为 mm；

α——弯形角。

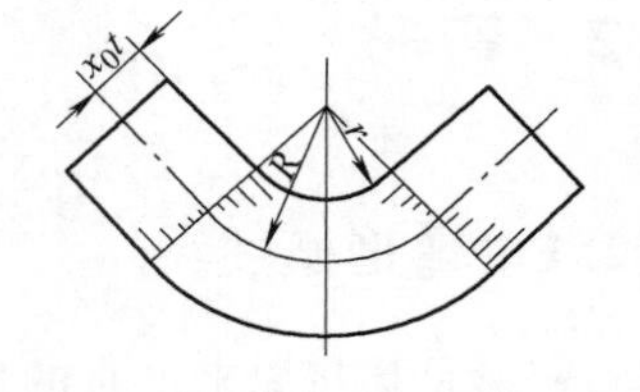

图 9-12 弯形时中性层的位置

表 9-1 某一塑料材料的弯形中性层位置系数 x_0

r/t	x_0	r/t	x_0	r/t	x_0	r/t	x_0
0. 25	0. 2	1	0. 25	4	0. 41	7	0. 45
0. 5	0. 25	2	0. 37	5	0. 43	8	0. 46
0. 8	0. 3	3	0. 4	6	0. 44	10	0. 47

9.3 铆接

9.3.1 铆接概述

铆接是借助于铆钉将两个或两个以上的工件或零件联接成为一个整体的方法。

1. 铆接过程

铆接的过程是将铆钉插入被铆接工件的孔内，用工具连续锤击或用压力机压缩铆钉杆端，使铆钉充满钉孔并形成钉头，如图 9-13 所示。

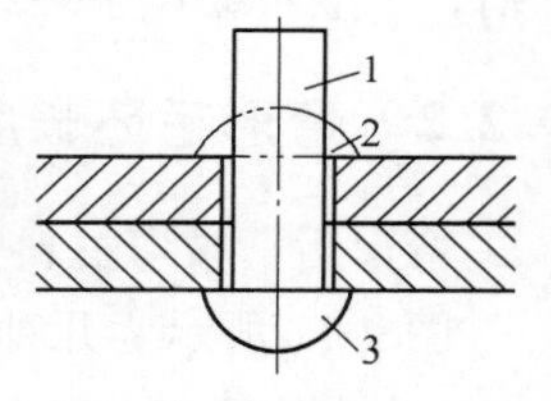

图 9-13 铆接过程

1—铆钉杆 2—铆合头

3—铆钉原头

2. 铆接种类

（1）按联接结构的使用要求分类

1）活动铆接，又称为铰链铆接，它的结合部分可以相互转动，如划规、剪刀等工具铰链处的铆接。

2）固定铆接，它的结合部分固定不动，如桥梁、车辆、水箱等。

（2）按铆接方法分类

1）冷铆，铆接时不需要加热，直接镦出铆接头。直径在 8mm 以下的钢制铆钉都可以采用冷铆接方法。

2）热铆，把铆钉加热到一定程度，然后再铆接。直径大于 8mm 的钢制铆钉多采用此方式。

3. 铆钉

铆钉种类较多，按形状分有平头、半圆头、沉头、半圆沉头、管状和平带用铆钉等，见表 9-2。按铆钉材料分，有钢铆钉、铜铆钉和铝铆钉等。

表 9-2　铆钉的形状及应用

名称	形　状	应　　用
平头铆钉		广泛应用，常用于一般没有特殊要求的地方
半圆头铆钉	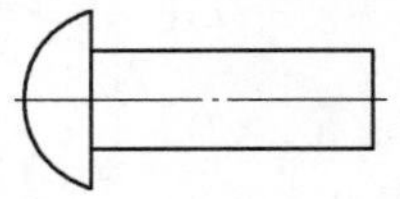	广泛应用，如钢结构的构件联接
沉头铆钉	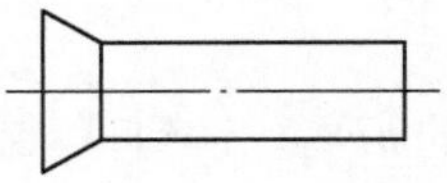	用于表面要求平滑、受载不大的铆缝
半圆沉头铆钉	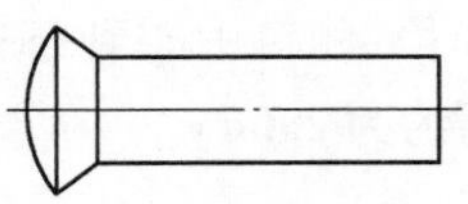	用于薄板、皮革、木材等允许表面有微小凸起的铆接
管状空心铆钉	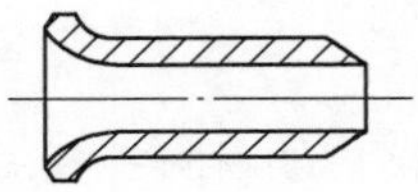	用于在铆接处有空心要求的地方，如电器件的铆接等，以方便穿线等
平带用铆钉	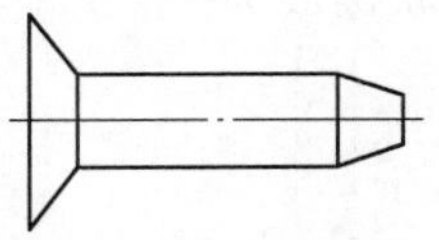	用于机床传动平带的铆接

4. 铆接件的接合、铆道及铆距

（1）铆接的接合　铆接联接的基本形式是由零件相互接合的位置所决定的，主要有搭接联接（把一块钢板搭在另一块钢板上进行铆接），对接联接（将两块钢板置于同一平面，利用盖板进行铆接）和角接联接（将两块钢板互相垂直或组成一定角度进行铆接）三种方式，如图 9-14、图 9-15、图 9-16 所示。

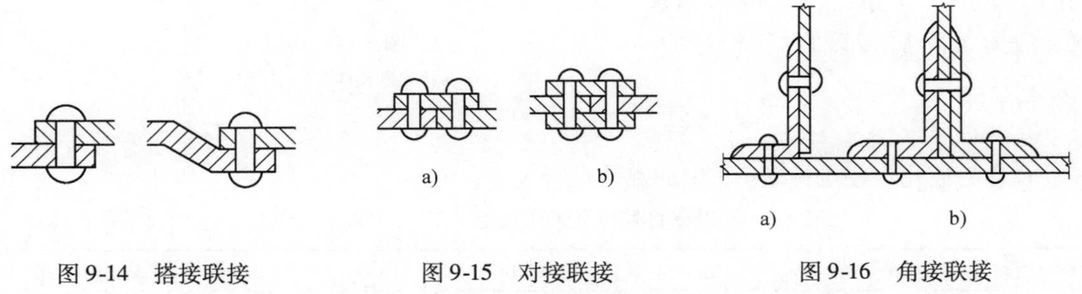

图 9-14　搭接联接

图 9-15　对接联接
a）单盖板　b）上下盖板

图 9-16　角接联接
a）单角钢　b）双角钢

（2）铆道　铆道就是铆钉的排列形式，有单排、双排和多排等几种排列方式，如图 9-17 所示。

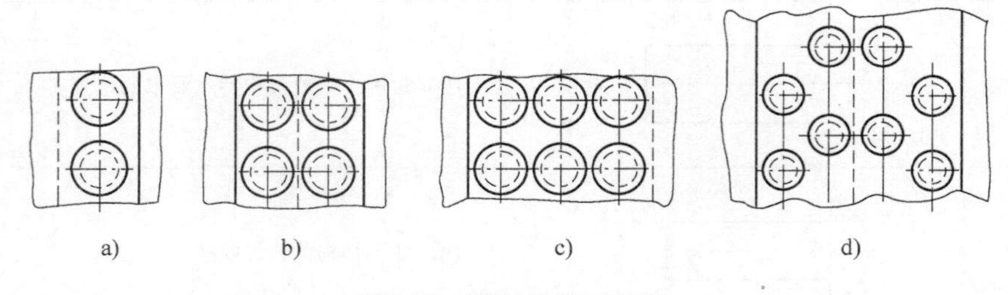

图 9-17　铆钉的排列形式

a）单排　b）双排并列　c）多排并列　d）交错式

（3）铆距　是铆钉与铆钉间或铆钉与铆接板边缘的距离。铆钉联接结构中，常有铆钉被剪切断裂、孔壁被铆钉压坏及铆钉被拉断几种情况，因此，对铆距有一定的要求。铆钉并列排列时，铆距≥3d（d 铆钉直径）；当铆钉孔是钻孔时，铆钉中心到铆接板边缘距离约为 1.5d；当铆钉孔是冲孔时，铆钉中心到铆接板边缘距离约为 2.5d。

9.3.2　铆钉直径、长度及通孔直径的确定

1. 铆钉直径

铆钉直径的大小与被联接板的厚度、联接形式及联接板的材料等有关。一般情况下，被联接板的厚度相同时，铆钉直径等于板厚的 1.8 倍；被联接板的厚度不同时，铆钉直径等于最小板厚的 1.8 倍。铆钉直径计算出结果之后，进行圆整并查表取国家标准规定值。

2. 铆钉长度

如图 9-18 所示，铆钉长度除了要考虑被铆接件的总厚度（s）之外，还要为铆合头留出一定的长度（h）。半圆头铆钉总长度应为圆整后铆钉直径的 1.25 ~ 1.5 倍；沉头铆钉总长度，应为圆整后铆钉直径的 0.8 ~ 1.2 倍。

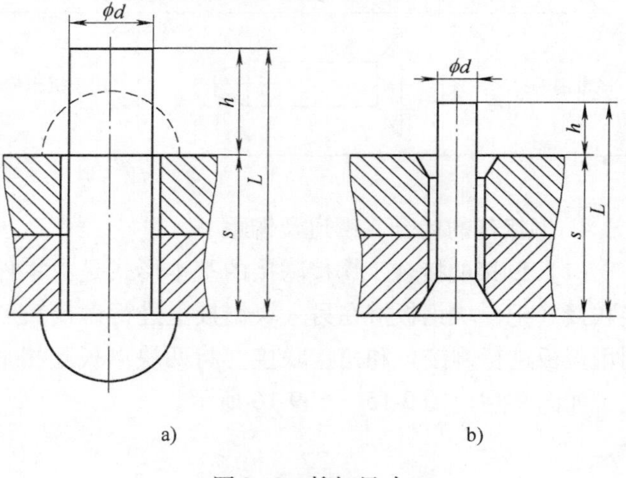

图 9-18　铆钉尺寸

a）半圆头铆钉　b）沉头铆钉

3. 通孔直径

合适的通孔直径可按表 9-3 中的数值进行选取。

表 9-3　标准铆钉直径及通孔直径（GB/T 152.1—1988）　　（单位：mm）

螺钉公称直径 d	0.6	0.7	0.8	1	1.2	1.4	1.6	2	2.5	3	3.5	4	5	6	8
d_k 精装配	0.7	0.8	0.9	1.1	1.3	1.5	1.7	2.1	2.6	3.1	3.6	4.1	5.2	6.2	8.2

（续）

铆钉公称直径 d		10	12	14	16	18	20	22	24	27	30	36
d_k	粗装配	10.3	12.4	14.5	16.5	—	—	—	—	—	—	—
	粗装配	11	13	15	17	19	21.5	23.5	25.5	28.5	32	38

9.3.3　铆接方法

1. 半圆头铆钉的铆接

步骤如下：

1）把板料互相贴合。

2）按图样给出的尺寸划线、钻孔、孔口倒角。

3）将铆钉插入孔内。

4）用压紧冲头压紧板料。

5）用手锤镦粗伸出部分，如图9-19a所示；形成铆打成形，如图9-19b、c所示；用罩模修整，如图9-19d所示。

2. 沉头铆钉的铆接

如图9-20所示，其步骤如下：

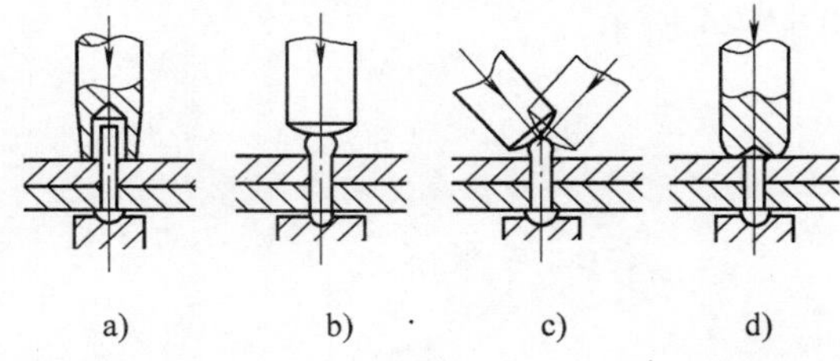

图9-19　半圆头铆钉的铆接过程

a）镦粗　b）、c）铆打成形　d）用罩模修整

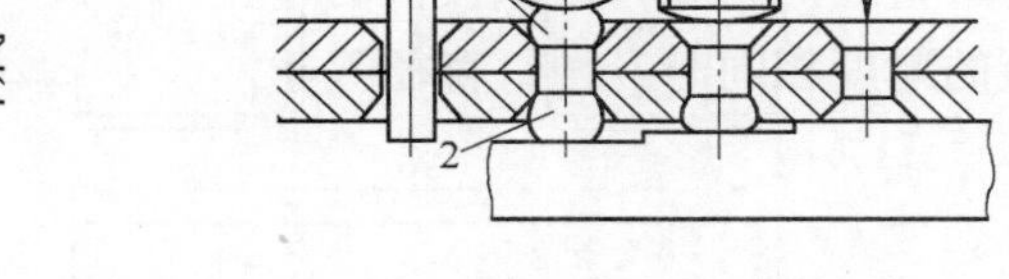

图9-20　沉头铆钉的铆接过程

1）把板料互相贴合。

2）划线、钻孔、锪锥孔。

3）插入铆钉。

4）在正中镦粗面1、2。

5）铆合面1、2。

6）修去高出部分。

3. 空心铆钉的铆接

操作步骤如下：

1）把板料互相贴合。

2）划线、钻孔、孔口倒角。

3）插入铆钉。

4）用样冲冲压，使铆钉孔口张开，与板料孔口贴紧，如图9-21a所示。用特制冲头将

翻开的铆钉孔口与工件孔口贴平，如图 9-21b 所示。

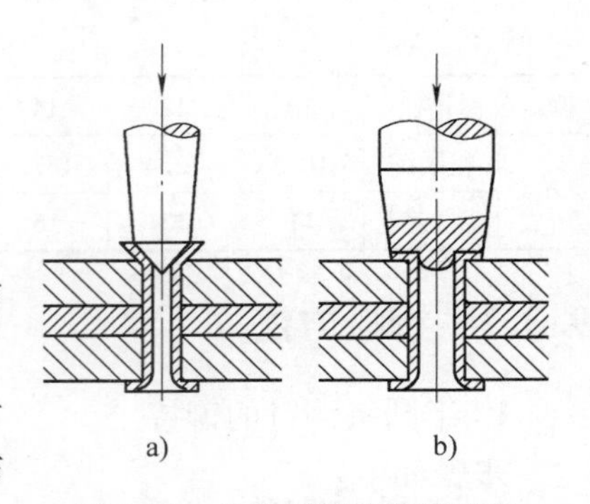

图 9-21　空头铆钉的铆接过程
a）使铆钉孔口张开　b）铆钉孔口与工件贴平

9.3.4　铆钉的拆卸方法

1. 半圆头铆钉的拆卸

直径小的铆钉，可用凿子、砂轮或锉刀将一端铆钉头加工掉、修平，再用小于铆钉直径的冲子将铆钉冲出。

直径大的铆钉，用上述方法在铆钉半圆头上加工出一个小平面，然后用样冲冲出中心，再用小于铆钉直径的钻头将铆钉头钻掉，用小于孔径的冲头冲出铆钉。

2. 沉头铆钉的拆卸

用样冲在铆钉头上冲中心孔，再用小于铆钉直径 1mm 的钻头将铆钉头钻掉，然后用小于孔径的冲头将铆钉冲出。

9.4　技能训练

【任务内容 1】

对薄板进行弯曲与矫正后的工件如图 9-22 和图 9-24 所示。

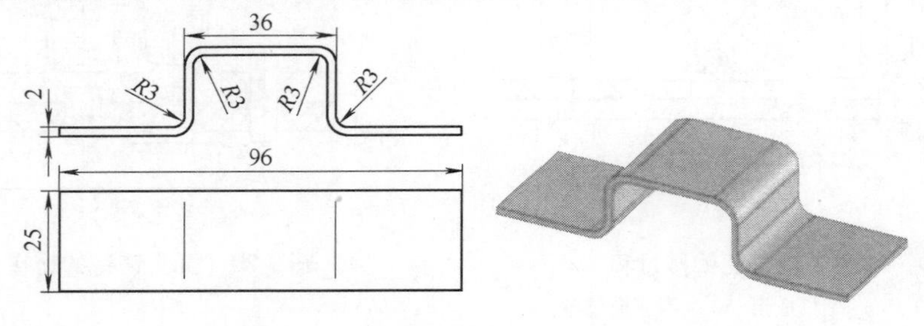

图 9-22　工件 1

【任务分析】

该任务是对薄板进行弯曲与矫正。首先根据图样对弯曲与矫正用毛坯料的长度进行计算，再用弯曲工具对工件进行正确的弯曲成形。

【任务准备】

准备 130mm × 25mm × 2mm、150mm × 20mm × 2mm 板料、角铁衬套、锉刀、锯子、锤子、划线工具、扳手、卡尺、衬垫、台虎钳、ϕ38mm 钢模等。

【任务实施 1】

按图样下料并修锉外形尺寸，宽度 25mm 处单边留 0.2 ~ 0.5mm 加工余量，划弯曲位置线，如图 9-22 所示。

将工件按划线位置装入角铁衬套内，弯曲 *A* 角，如图 9-23a 所示。

将工件旋转 180°装入角铁衬套内，弯曲 *B* 角，如图 9-23b 所示。

将工件旋转90°装入衬垫，弯曲 C 角，如图9-23c所示。

把工件放在平板上，对工件宽度方向进行锤击矫平，用锉刀锉削原来留下的0.2～0.5mm加工余量。

倒角或去锐边。加工完成的工件1如图9-23d所示。

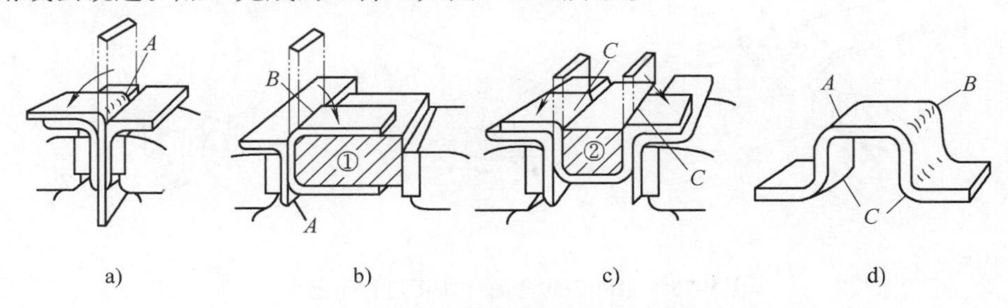

图9-23　工件1的弯曲与矫正过程示意图

a）弯曲 A 角　b）弯曲 B 角　c）弯曲 C 角　d）工件

【任务评价】

记录评价表见表9-4。

表9-4　记录评价表

项目及技术要求	是否满足要求	项目及技术要求	是否满足要求
平面是否平整（5处）		弯曲与矫正操作正确	
边缘处是否光顺		安全文明生产	
各处基本尺寸±1mm			

【任务实施2】

按图样下料并修锉工件外形尺寸，宽度20mm处单边留0.2mm～0.5mm加工余量，划弯曲位置线如图9-24所示。

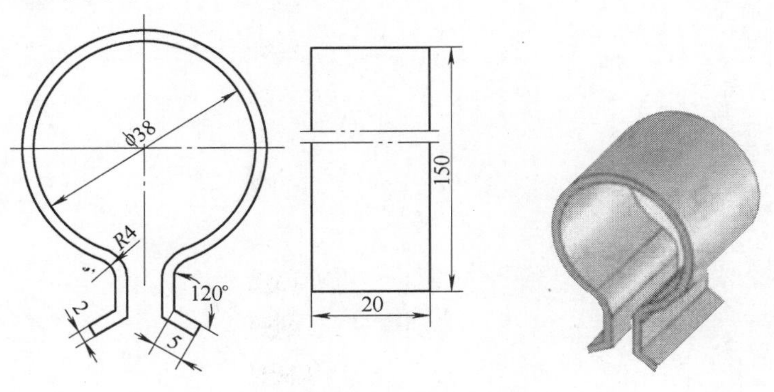

图9-24　工件2

用衬垫将工件夹在台虎钳内，将工件两端 A、B 处弯曲成形，如图9-25a所示。

把工件从台虎钳上卸下来，放在圆钢模上进行弯曲，如图9-25b所示，达到图样要求。

把工件放在平板上，对工件宽度方向进行锤击矫平，用锉刀锉削原来留下的 0.2 ~ 0.5mm 加工余量。

倒角或去锐边。加工完成的工件 2 如图 9-25c 所示。

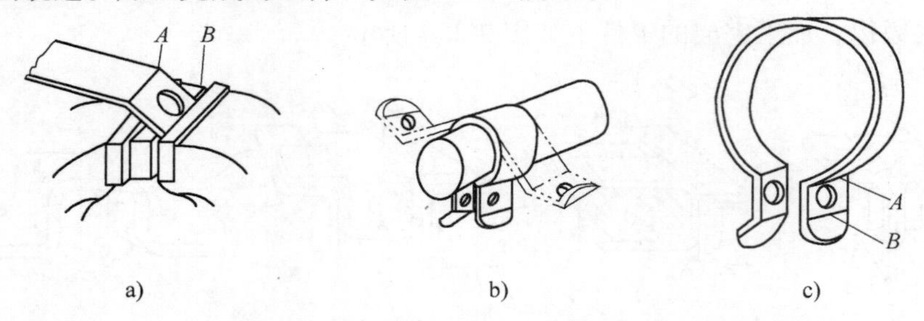

图 9-25 工件 2 的弯曲与矫正过程示意图

a）弯曲 A、B 处 b）用圆钢模弯曲 c）工件

复习思考题

9-1 试述矫正的定义及矫正方法。

9-2 试述手工矫正的常用工具。

9-3 试述手工矫正方法。

9-4 试述弯形及中性层的定义。

9-5 试述弯形后板类工件内外层变化情况。

9-6 试述 3mm 和 5mm 厚铁板用半圆头铆钉联接方法，试确定铆钉直径、长度和通孔直径。

第10章　装　　配

【学习要点】

装配的基础知识。

螺纹联接及防松方法。

销与键的类型、特点及其应用。

带、链传动特点，齿轮类型。

轴承装配、轴承游隙及预紧的方法。

10.1　装配的基础知识

1. 装配的概念

装配就是把已加工好的并经检验合格的单个零件，按照装配图样和装配工艺规程，依次组合成组件、部件和整台机器的过程。

2. 装配的重要性

装配是机器生产过程的最后一道工序，对产品质量起着重要作用。一台机器质量好坏，除零件的加工质量之外，如果装配方法不正确或工作者责任心不强，即使有高质量的零件也装配不出高质量的产品，甚至会导致产品工作精度低、性能差、缩短其使用寿命等缺陷。

3. 常用的装配方法

（1）完全互换法　在同类零件中，任选一个装配零件，不经过修配即能达到规定的装配要求，这种装配方法称为完全互换法。其优点是装配操作简便，生产效率高，适用于精度要求不高或大批量生产。

（2）选择装配法　将零件的制造公差适当放大到经济可行的程度，然后选择合适的零件进行装配，以保证规定的装配精度；按公差范围把零件分成若干个组，然后一组一组地进行装配，以达到规定的配合要求。这种方法称为选择装配法，适用于大批量生产装配且装配精度要求高的场合。

（3）修配法　修去指定零件上预留修配量以达到装配精度的装配方法称为修配法。其优点是可降低对零件的制造精度要求，适用于单件小批量生产以及装配精度要求较高的场合。

（4）调配法　调整某个零件的位置或尺寸，以达到装配精度的装配方法称为调配法，如调换垫片、垫圈、套筒等控制整件尺寸，一般可用于各种场合。

10.2　装配工艺及过程

1. 装配前的准备工作

装配前做好准备工作，主要内容包括熟悉图样、确定装配方法和顺序，准备所用工具等。

2. 装配过程

装配的过程一般是先装配组件，再装配部件，最后总装配。

（1）组件装配　将若干个零件安装在一个基础零件上的工作称为组件装配，如机床主轴箱内的各个轴系组件的装配等。

（2）部件装配　将两个以上的零件、组件安装在另一个基础零件上的工作称为部件装配。部件应是一个独立的结构，如减速箱部件等。

（3）总装配　将零件和部件合成一台完整的产品的过程称为总装配。

3. 调整、检验和试车

1）调整是指调节零件或机构的相互位置、配合间隙等，目的是使设备协调工作。

2）检验是指检验设备的几何精度和工作精度等。

3）试车是指试验机构或设备运转的灵活性、振动、噪声等是否满足要求。

4. 装配时应注意的几项要求

1）检查装配所用零件是否合格，有无变形和损坏等。

2）检查各运动部件是否有充足的润滑油，并做到油路畅通；检查密封件是否漏油。

3）在防锈蚀处涂防锈油及设备装箱等。

4）装配全部完成后应按一定的程序试车。先检查电路是否畅通，手柄操纵是否灵活、位置是否正确，在确保安全的前提下进行试车。试车时要做到：运行速度先慢后快；工作状态噪声要小；工作温度正常，振动小，密封不渗油或不漏油。

10.3 固定联接机构的装配

10.3.1 螺纹联接

1. 螺纹联接的技术要求

一般螺纹联接，在无具体的拧紧力矩要求时，采用一定长度的普通扳手按经验拧紧即可。在一些重要的螺纹联接中，对常用的拧紧力有一定的要求，一般通过如下方法控制。

（1）控制转矩法　用测力扳手指示拧紧力矩，使预紧力达到规定值。

（2）控制螺栓伸长法　通过螺栓伸长量来控制预紧力的方法。

（3）控制螺母扭角法　通过控制螺母拧紧时应转过的拧紧角来控制预紧力的方法。

2. 螺纹联接常用工具

（1）旋具　如图 10-1 所示，旋具用来拧紧或松开头部带有沟槽的螺钉。

（2）扳手　扳手用来拧紧六角形、正方形螺钉和各种螺母。扳手分为通用、专用和特种三类。

1）通用扳手（通常称为活络扳手）如图 10-2 所示。活络扳手的钳口尺寸要适应螺母尺寸，不同规格的螺母应选择相应规格的活络扳手。活络扳手的工作效率不高，活动钳口易歪斜，会损伤螺母头部的表面。

2）专用扳手，是只能扳动一种规格的螺母或螺钉的工具，分为以下几种：

①开口扳手，又称呆扳手，如图10-3所示，有单头和双头之分。

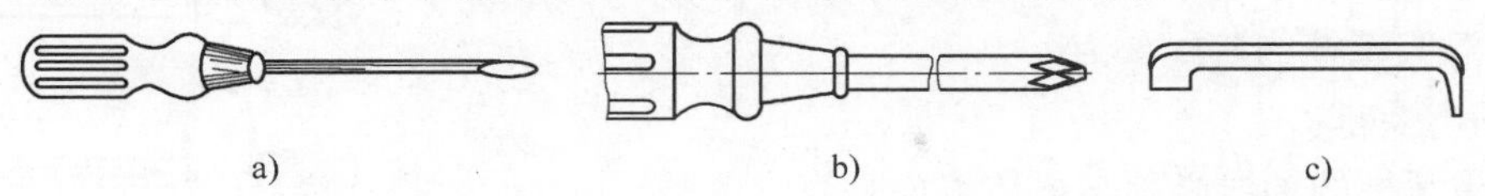

图10-1　旋具

a）标准旋具　b）十字旋具弯头　c）旋具

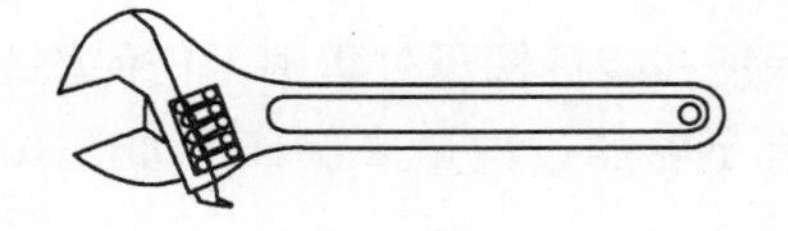

图10-2　活络扳手

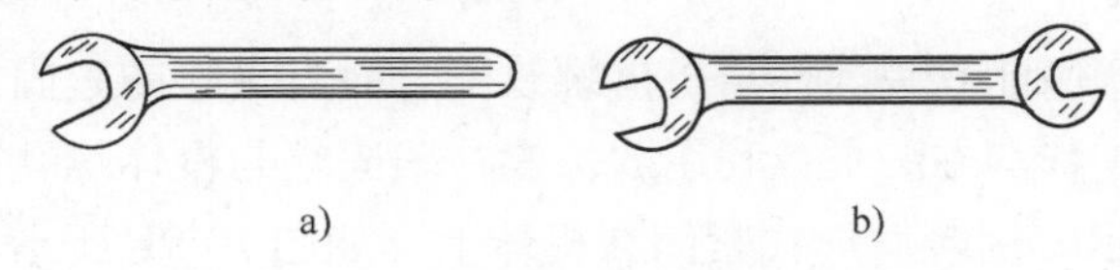

图10-3　开口扳手

a）单头　b）双头

②整体扳手如图10-4所示，有正方形、六角形、梅花扳手等。

③锁紧扳手如图10-5所示的用来装拆圆螺母的圆螺母扳手。

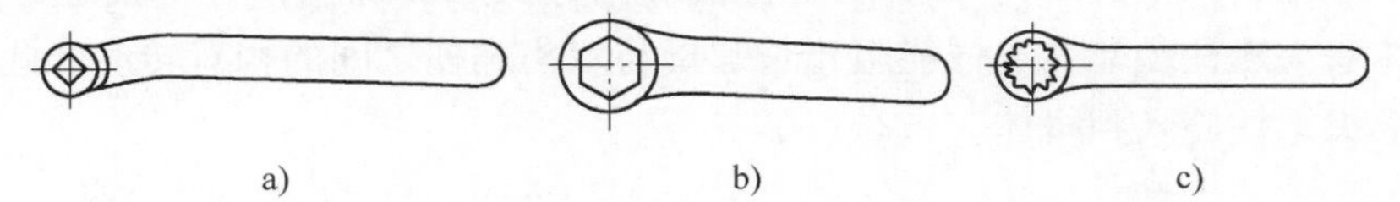

图10-4　整体扳手

a）方形扳手　b）六角扳手　c）梅花扳手

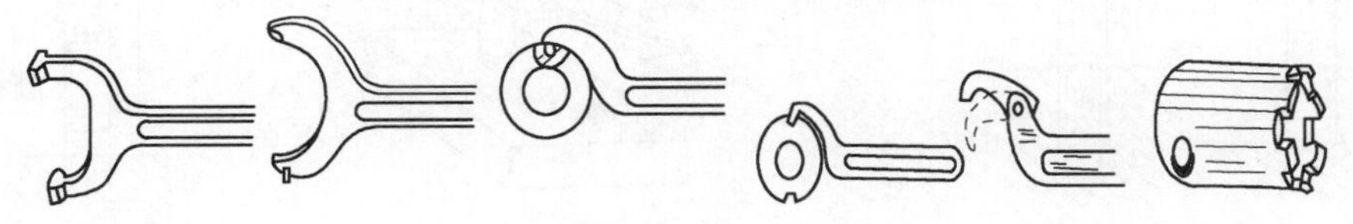

图10-5　圆螺母扳手

④内六角扳手如图10-6所示，这种扳手一般是成套的，可拧紧M3～M24的内六角螺钉。

⑤成套套筒扳手，如图10-7所示。

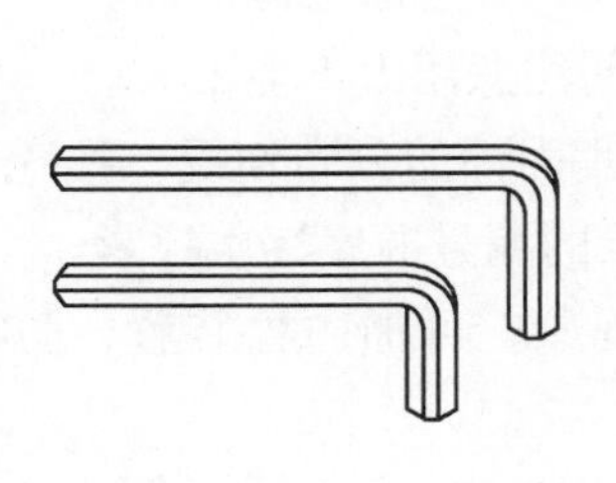

图10-6　内六角扳手

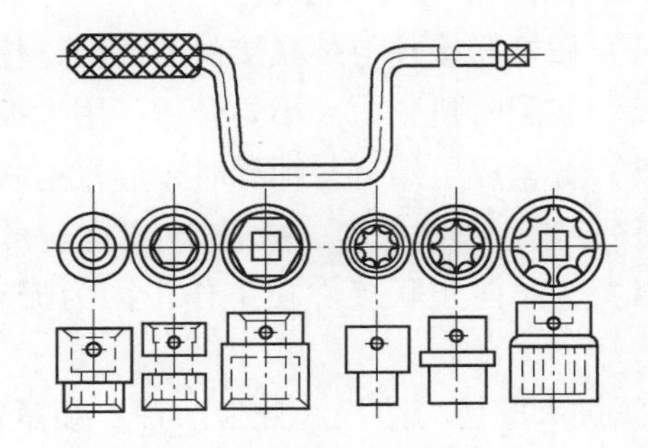

图10-7　成套套筒扳手

（3）特种扳手　是根据某些特殊要求而制作的扳手。如图 10-8 所示为指针式测力扳手，用于严格控制螺纹联接时能达到的拧紧力矩的场合，以保证联接的可靠性。

3. 螺纹联接装配工艺

（1）双头螺柱的装配要点

1）基本要求

①双头螺柱的轴线必须与机体表面垂直。

②将双头螺柱紧固端装入机体时，必须用滑润油，以防止发生咬住现象。

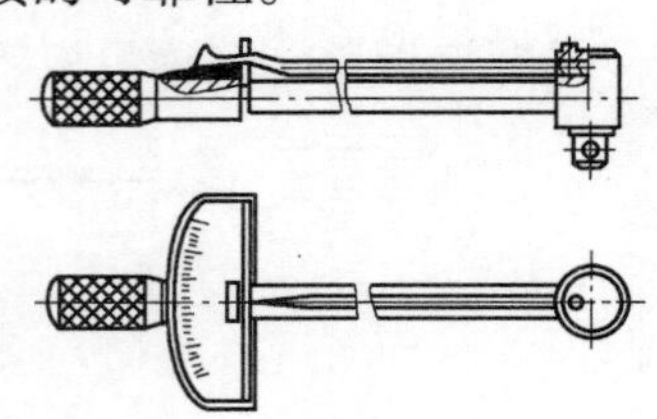

图 10-8　指针式测力扳手

③保证双头螺柱与机体螺纹配合时有足够的紧固性，保证在装拆螺母过程中无任何松动现象。基本方法是：利用双头螺柱紧固端与机体螺孔配合有足够的过盈量来保证，如图 10-9a 所示。用台肩形式紧固在机体上，如图 10-9b 所示。

2）拧紧方法

①用两个螺母拧紧，如图 10-10a 所示。将两个螺母相互锁紧在双头螺柱上，然后扳动上螺母，将螺柱紧固端拧入机体螺孔中。

②用长螺母拧紧，如图 10-10b 所示。将长螺母拧入双头螺栓，再将长螺母上的止动螺钉旋紧，顶住双头螺柱顶端，这样能阻止长螺母与双头螺柱之间的相对转动。此时拧动长螺母，便可将双头螺柱旋入到机体。

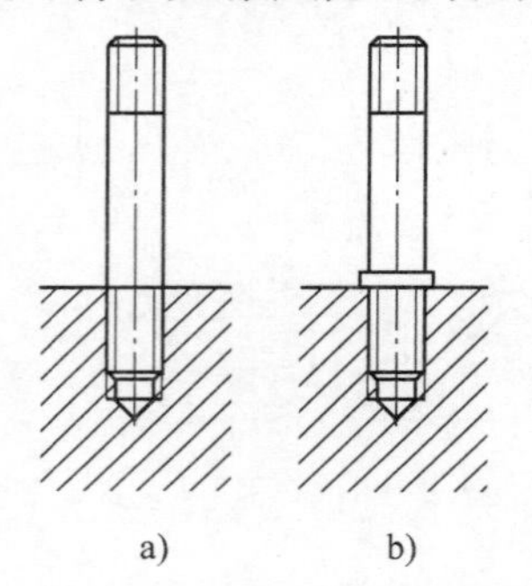

图 10-9　双头螺柱紧固形式

a）有足够的过盈量　b）用台肩紧固

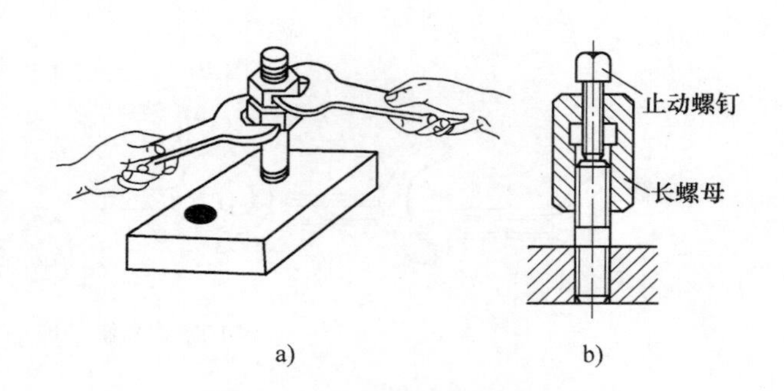

图 10-10　拧紧双头螺栓的方法

a）用两个螺母　b）用长螺母

（2）螺钉、螺母的装配要点

1）做好联接件与被联接件的清洁，拧入螺钉时，螺纹部分应涂上润滑油。

2）装配时扭紧力大小要合适，用大扳手拧小螺钉时要注意用力不能太大。

3）拧紧成组螺钉与螺母时，应根据联接件的形状及紧固件的分布情况，按一定顺序逐次顺序拧紧，每次拧紧一般是 2 ~ 3 次。可按图 10-11 所示的编号顺序逐次拧紧。

4）为了防止联接件在工作中因为振动而产生松动现象，可加防松装置，防松方法如下。

①加大摩擦力防松。分为两种：锁紧螺母防松，如图 10-12a 所示；弹簧垫圈防松，如图 10-12b 所示。

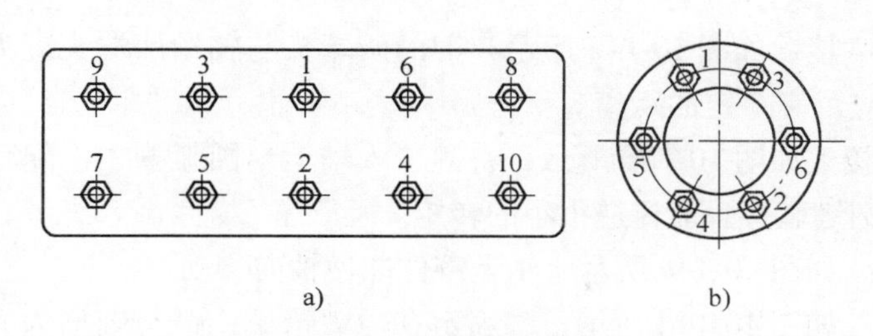

图 10-11　成组螺母拧紧顺序

a）直线分布　b）圆周分布

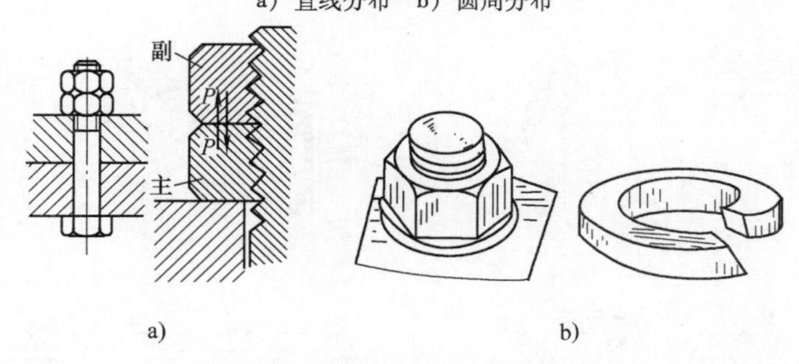

图 10-12　加大摩擦力防松

a）锁紧螺母防松　b）弹簧垫圈防松

②机械方法防松。分为四种：开口销与带槽螺母防松，如图 10-13a 所示；六角螺母止动垫圈防松，如图 10-13b 所示；圆螺母止动垫圈防松，如图 10-13c 所示；串联钢丝防松，如图 10-13d 所示。

③用螺栓锁固胶防松。把螺栓表面油污去除干净，在螺栓表面上涂上锁固胶，将其拧入螺孔，拧紧即可。

10.3.2　键联接

键用来联接轴和轴上的零件，以传递转矩、力及方向。键多采用 45 钢制造，并经过调质处理，键的尺寸已标准化。根据结构特点和用途不同，键联接包括松键联接、紧键联接和花键联接三类。

1. 松键联接

松键联接主要包括普通平键、半圆键、导键联接和滑键联接。其特点是靠键的侧面来传递转矩，只做圆周方向固定，轴向不能承受轴向力。松键联接的对中性好，应用最普遍。

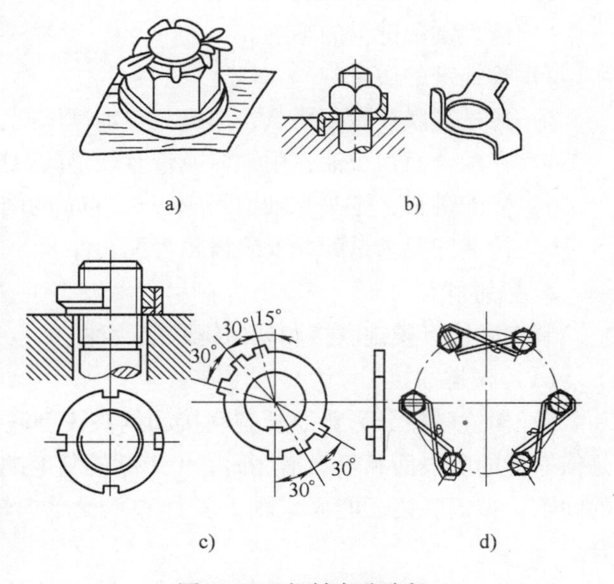

图 10-13　机械方法防松

a）开口销与带槽螺母防松　b）六角螺母止动垫圈防松

c）圆螺母止动垫圈防松　d）串联钢丝防松

（1）普通平键联接　如图 10-14a 所示，键的两端头与轴槽两端头应为间隙配合，键的上平面与轮毂槽底应留有一定的距离。

（2）半圆键联接　如图 10-14b 所示，将键装入轴上半圆弧槽中，配套件装上时键能自动适应轮毂槽。半圆键联接只能传递很小的转矩。

（3）导键联接　如图 10-14c 所示，轴上零件能做轴向移动。

（4）滑动联接　如图 10-14d 所示，键固定在轮毂槽中，键与轴槽为间隙配合，轴上零件能带动键做轴向移动，用于轴上零件在轴上要做较大距离轴向移动的场合。

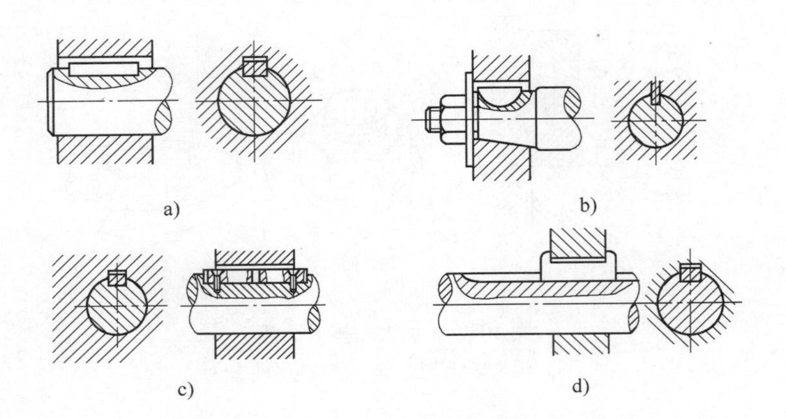

图 10-14　松键联接
a）普通平键联接　b）半圆键联接　c）导键联接　d）滑键联接

（5）松键联接的装配步骤

1）清理键和键槽的毛刺。

2）检查键的质量。

3）按松键联接装配要点，用键头与轴槽试配。

4）在配合面加机油，用铜棒或带有软垫的台虎钳将键压入轴槽中。

5）锉配键长，键头与轴槽间应有 0. 1mm 的间隙。

6）按装配要求试配并安装齿轮等配套件。

2. 紧键联接

紧键联接有楔键联接和切向键联接两种。

（1）楔键联接

1）楔键联接分为普通楔键联接和钩头楔键联接两种，如图 10-15a、b 所示。楔键联接是依靠键的上表面和轮毂槽底面有 1∶100 的斜度楔紧作用来传递转矩的，键侧与键槽有一定的间隙。楔键联接还能固定轴上零件和承受单向轴向力，用于转速低、精度要求不高的场合。

2）钩头楔键联接主要用于键不能从另一端打出的场合。在装配钩头楔键时，应注意在钩头与配套件端面之间留有一定的距离，以便于拆卸。

（2）切向键联接　切向键联接由两个斜度为 1∶100 的楔键组成，如图 10-15c 所示。其上下两个面为工作面，其中一个面过轴线的平面内，这样工作面之间的压力沿轴的切线方向作用，能传递较大的转矩。

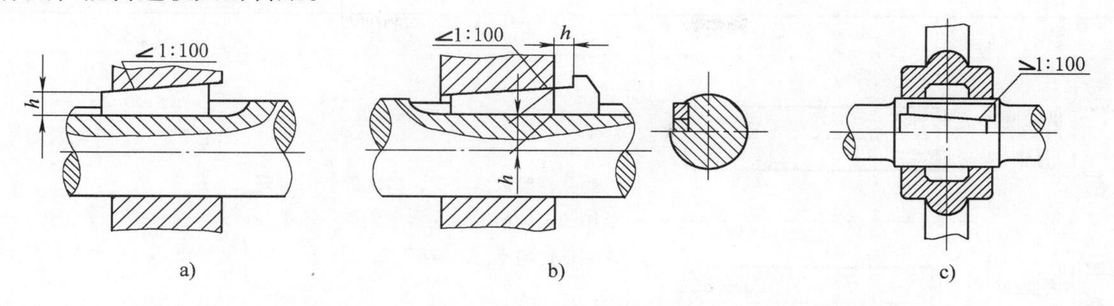

图10-15　紧键联接

a）普通楔键联接　b）钩头楔键联接　c）切向键联接

3. 花键联接

花键联接由轴和毂孔上的多个键齿组成，齿侧面为工作面，如图10-16所示。花键联接的承载能力高，同轴度和导向性好，适用于载荷较大且同轴度要求较高的静联接或动联接。

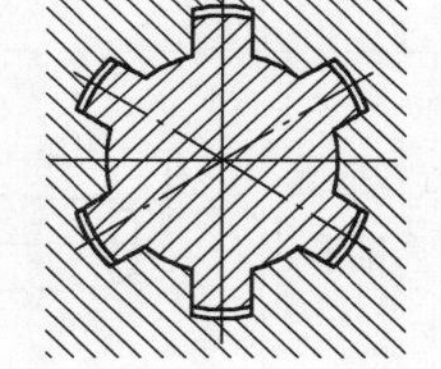

图10-16　花键联接

按工作方式不同，花键联接分为静联接和动联接；按齿廓不同，花键联接分为矩形、渐开线形、三角形和梯形联接几种。

装配时花键的定心方式有外径定心、内径定心和键侧定心三种方式，其中外径定心是常采用的。

10.3.3　销联接

销联接的作用：一是定位，如图10-17a所示；二是联接或锁定零件，如图10-17b所示；三是起安全保险作用，如图10-17c所示，即在过载的情况下，保险销先折断，机械停止动作。销多采用30钢、45钢制成，其形状及尺寸已标准化；销孔多采用铰削加工方式完成。销的类型、特点及应用见表10-1。

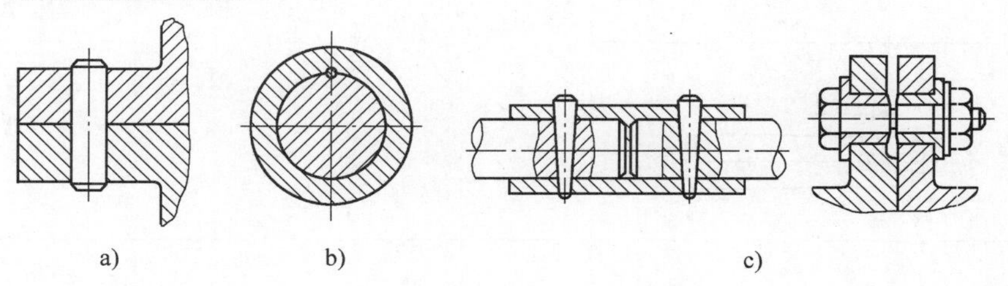

图10-17　销联接

a）定位作用　b）联接或锁定作用　c）安全保险作用

1. 圆柱销

圆柱销一般依靠过盈配合固定在销孔中。在两个被联接件相对位置确定、紧固的情况下，才能对两被联接件的孔同时进行钻、铰加工。为了保证联接质量，该孔表面粗糙度值要小于1.6μm。圆柱销打入孔之前，要做好孔的清洁工作，销上要涂机油。

表10-1 销的类型、特点及应用

类型		图形	特点	应用
圆柱销	普通圆柱销	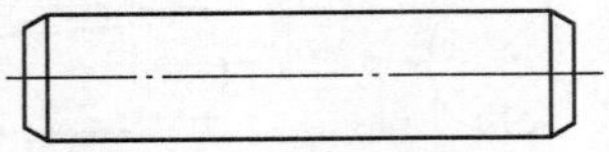	销孔需要铰削加工，多次拆装后会降低销的定位精度和联接紧固性；该销只能用于传递不大的载荷	主要定位，其次联接
	内螺纹圆柱销	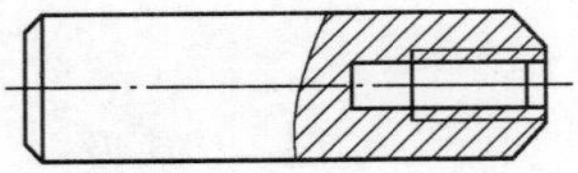		不通孔的定位
	弹性圆柱销	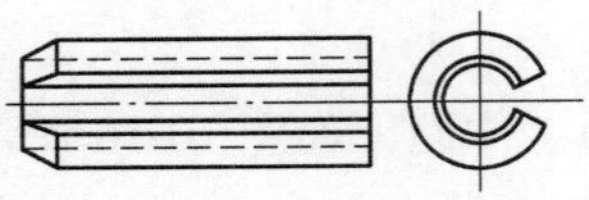	销具有弹性，装入销孔后与孔壁压紧，不易松动；销孔精度要求不高，可用于多次拆卸场合；刚性较差，不适用于高精度的定位	用于有冲击、振动的场合
圆锥销	普通圆锥销	 1:50	有一定的锥度，便于安装；定位精度比圆锥销高；受横向力时能自锁；销孔需要铰削加工，螺纹供拆卸用。开尾圆锥销打入销孔后，末端可稍张开，防止松脱	主要用于定位，也用于固定零件、传递动力；多用于经常装拆的场合
	内螺纹圆锥销	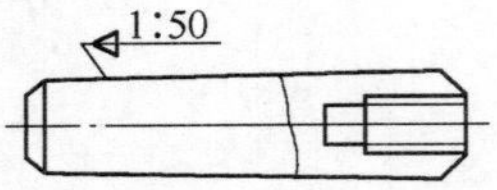 1:50		用于不通孔
	螺尾圆锥销	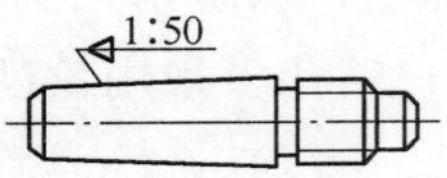 1:50		用于拆卸困难的场合，如不通孔等
	开尾圆锥销	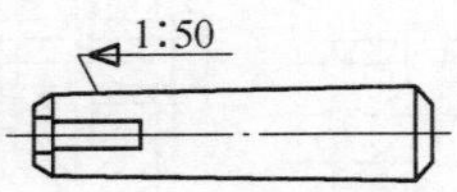 1:50		用于有冲击、振动的场合
销轴		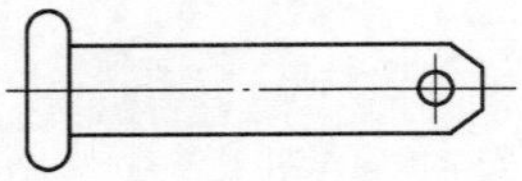	用开口锁定，拆卸方便	用于铰接处
开口销		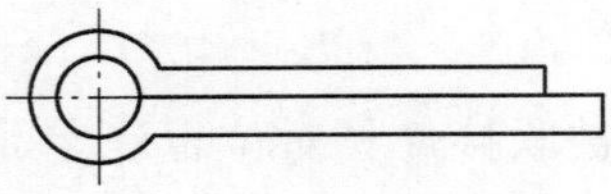	工作可靠，拆卸方便	用于锁定其他紧固件

2. 圆锥销

在两个被联接件相对位置确定、紧固的情况下，才能对两个被联接件的孔同时进行钻、铰加工。在拆卸销时，一般从一端向外敲击即可，有螺尾的圆锥销可用螺母旋出，拆卸带内螺纹的销时，可采用拔销器拔出。

10.4　传动机构的装配

10.4.1　带传动机构

带传动是利用带与带轮之间的摩擦力来传递运动和动力的。其特点是吸振、缓冲、传动平稳、噪声小，过载时能打滑，起安全保护作用，适用于两轴中心距较大的传动场合。

常用的带传动有V带传动、平带传动和同步带传动等，如图10-18所示。

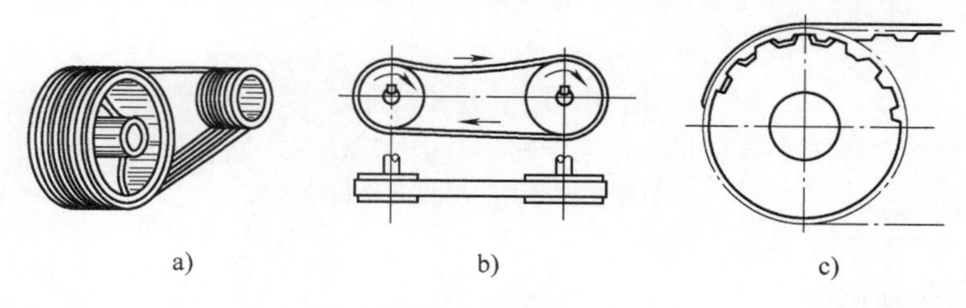

图10-18　带传动

a）V带传动　b）平带传动　c）同步带传动

10.4.2　链传动机构

链传动由两个链轮和其间的链条所组成，通过链与链轮的啮合来传动，如图10-19所示。链传动适用于两轴距离较远的传动，主要用于温度变化较大且灰尘较多的场合。

10.4.3　齿轮传动机构

齿轮传动是机械中常用的传动方式之一，是依靠轮齿之间的啮合来传递运动和转矩的。其特点是传动比准确、传递功率大、速度变化范围大、结构紧凑等，在机械工业生产中应用广泛。

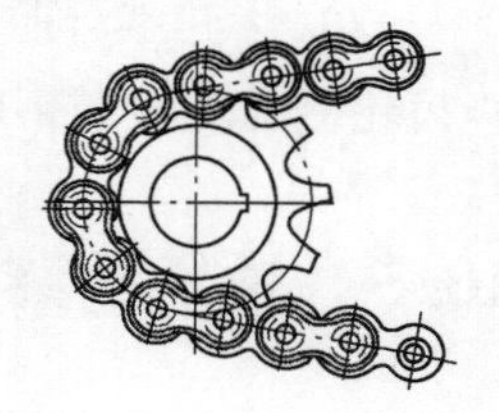

图10-19　链传动

1. 齿轮传动的种类

齿轮传动的常见类型如图10-20所示。

（1）两轴线平行的圆柱齿轮传动

1）直齿轮传动。直齿轮制造方便，在传动机构中应用最广。不足的是齿与齿之间容易产生冲击、噪声（图10-20a）。

2）斜齿轮传动。斜齿轮轮齿方向与轴线倾斜一定角度，传动平稳，但传动时有单向轴向力产生（图10-20b）。

（2）两轴线相交及两轴线交叉的齿轮传动　包括齿轮齿条传动、锥齿轮传动、蜗杆蜗轮传动和曲线齿锥齿轮传动等（图10-20c、d、e、f）。

2. 齿轮传动的基本要求

齿轮传动要平稳；保证严格的传动比；无冲击、噪声、振动；承载能力强、使用寿命长。

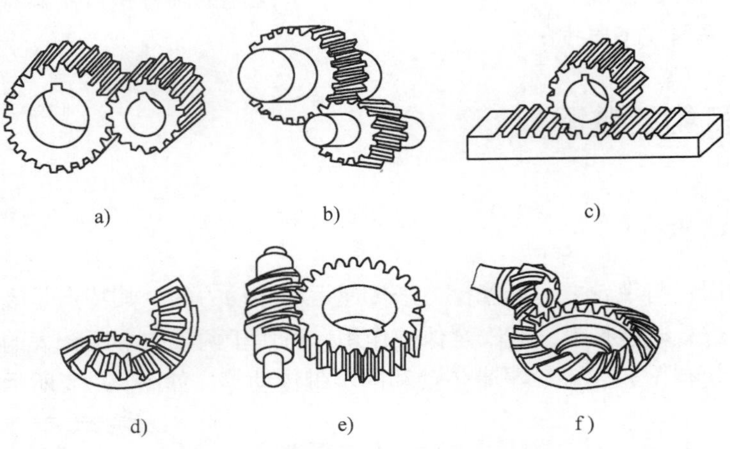

图 10-20 齿轮传动种类

a）直齿轮传动 b）斜齿轮传动 c）齿轮齿条传动 d）锥齿轮传动
e）蜗杆蜗轮传动 f）曲线齿锥齿轮传动

3. 圆柱齿轮传动机构

（1）齿轮与轴的装配 一般先将齿轮装到轴上，再把齿轮轴部件装入箱体。

根据齿轮工作性质不同，齿轮装在轴上可以是空转、滑移、固定联接。在轴上空转或滑移的齿轮，一般是间隙配合，这类齿轮装配方便。固定联接的齿轮，齿轮与轴一般为过渡配合，同轴度要求较高。当过盈量小时，用铜棒及锤子敲击可装入。当过盈量大时，在压力机上进行压装。对于过盈量较大的齿轮，可在油中加热，进行安装。

（2）齿轮啮合质量的检查 齿轮部件装入到箱体后，要检查齿轮的啮合质量，主要检查齿轮侧隙和接触精度。

10.5 轴承的装配

轴承用来支承轴及轴上回转零件。轴承对于保证轴的旋转精度，保证轴上回转零件的工作可靠性、承载能力以及工作寿命起着重要作用。因此，轴承的选用、加工、装配方法和装配精度是十分重要的。按工作中轴承摩擦性质的不同，轴承一般分为滑动摩擦轴承（简称滑动轴承）和滚动摩擦轴承（简称滚动轴承）两大类。下面介绍常用的滚动轴承。

10.5.1 滚动轴承

滚动轴承是将运转的轴与轴座之间的滑动摩擦变为滚动摩擦，从而减少摩擦损失的一种精密的机械元件。滚动轴承一般是由内圈 1、外圈 2、滚动体 3 和保持架 4 等部分组成，如图 10-21 所示。内圈的作用是与轴相配合并与轴一起旋转；外圈的作用是与轴承座相配合，起支承作用；滚动体是借助于保持架均匀地分布在内圈和外圈之间，常用滚动体形状如图10-22所示；保持架能使滚动体均匀分布，防止滚动体脱落，引导滚动体旋转并起润滑作用。

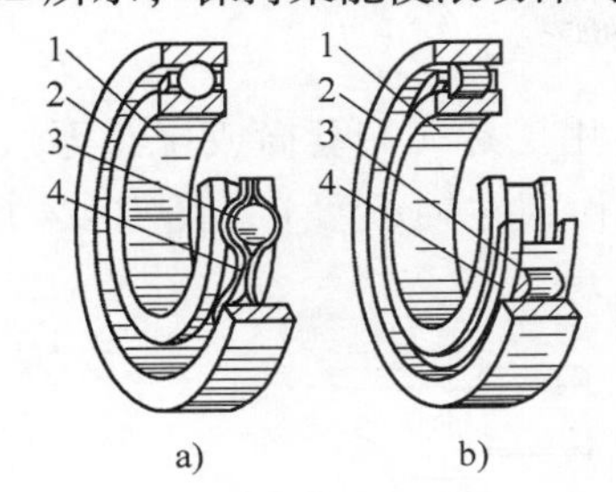

图10-21 滚动轴承的基本结构

a）球体结构 b）圆柱体结构

1—内圈 2—外圈 3—滚动体 4—保持架

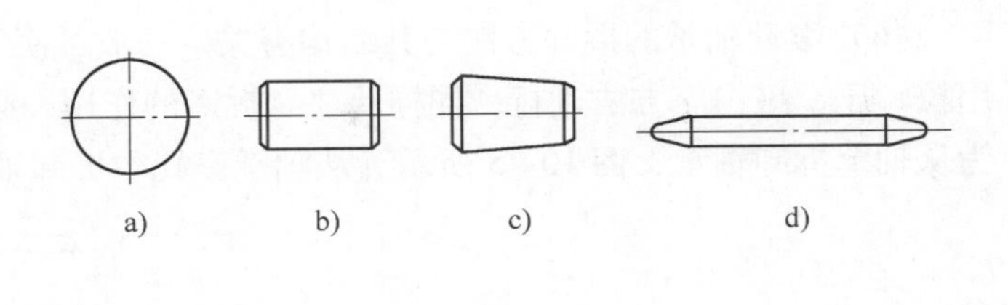

图10-22 常用滚动体形状

a）圆形 b）圆柱形 c）圆锥形 d）针形

1. 滚动轴承的作用

滚动轴承的作用是支承轴及轴上零件，并保持轴的正常工作位置和旋转精度。滚动轴承维护方便，工作可靠，起动性能好，在中等速度下承载能力较高。与滑动轴承比较，滚动轴承的径向尺寸较大，减振能力较差，高速时寿命低，噪声较大。

2. 滚动轴承装配和拆卸的基本过程

（1）滚动轴承装配前的准备工作有以下几点。

1）对与轴承相配合的轴颈、座孔尺寸及轴承型号进行检查。

2）做好轴承与相配合件的清洁工作。新轴承表面的防锈油应使用汽油或煤油清洗干净。

3）对需要拆卸的轴承，检查轴端有无毛刺现象。如果有毛刺，则用锉刀修整之后才能拆卸。

（2）装配和拆卸时的作用力应施加在被拆圈的端部，力要均匀作用在圈的整个表面。

（3）轴承内、外圈的装配顺序一般是根据轴承与轴配合的松紧程度来确定。内圈与轴配合较紧时，一般先将轴承装在轴上；反之，先将轴承装入轴承座孔；内、外圈配合都紧时，可同时压入，如图10-23所示。

（4）压入前结合面应涂上润滑油。

（5）压入方法

1）如图10-23所示，用套筒压在轴承圈上，用锤子锤击套筒尾部，将轴承正确地装入轴颈或座孔中；特别禁止直接在轴承上敲击。

2）当轴承装配时的过盈量较小，可用铜棒通过锤击将轴装入，防止用锤子直接锤击轴承圈。

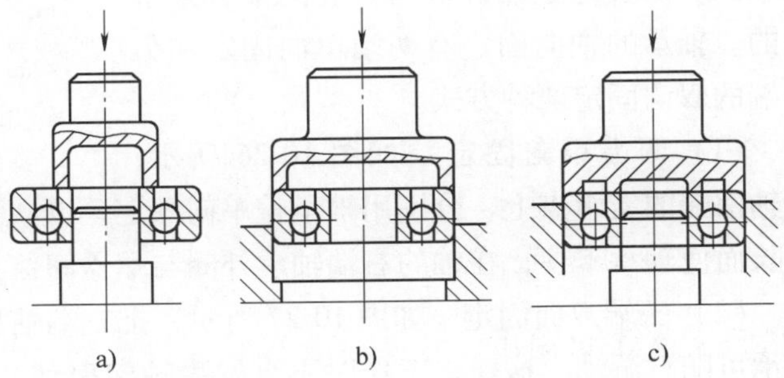

图10-23 内、外圈压入法

a）将内圈压入轴颈 b）将外圈压入座孔

c）将内、外圈同时压入

3）当轴承配合过盈量较大时，可在压力机上进行压装。

4）当过盈量大时，可利用温度差法压入。将轴承放入油中加热至80～120℃，轴承内孔胀大，这时很容易就可将轴承圈套装到轴上。

（6）滚动轴承的拆卸方法与其结构有关，一般可使用专用工具（如套筒或拉器等）、采用拉、压、敲击等方法进行，同样要注意拆卸的作用力必须作用在轴承圈上。图10-24所示为从轴上拆卸轴承，图10-25所示为从轴承座孔中拆卸轴承。

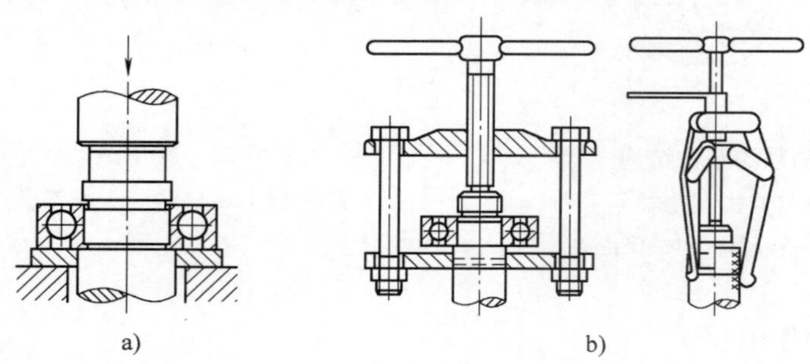

图10-24 从轴上拆卸轴承
a）用压出或冲击方法拆卸 b）用顶拔器拆卸

10.5.2 轴组

1. 轴组定义

轴、轴上零件及两端轴承支座的组合，称为轴组。轴组的装配是指将装配好的轴组件正确地安装在机器中，并保证其正常的工作要求。轴组装配主要包括两端轴承固定、轴承游隙调整、轴承预紧、轴承密封和润滑装置的装配等。

2. 轴承的固定方式

轴工作时，要严格控制其径向位移和轴向位移，采取一定的固定方式是非常重要的。轴承的径向固定是靠外圈与外壳的配合来解决的。轴承的轴向固定有两端单向固定和另一端的双向固定两种方式。

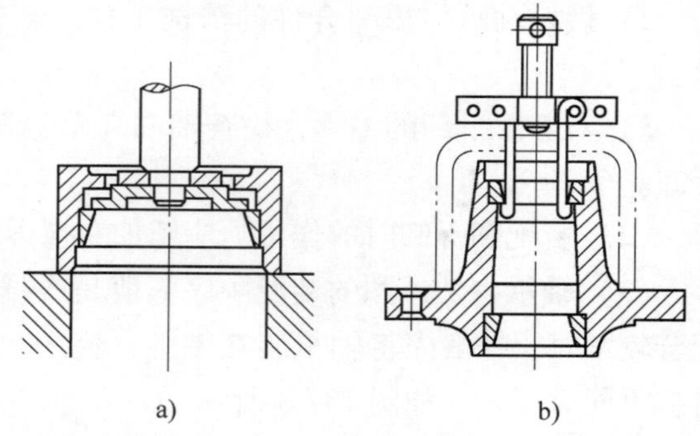

图10-25 从轴承座孔中拆卸轴承
a）用压出或冲击方法拆卸 b）用拉杆拆卸器拆卸

（1）两端单向固定 如图10-26所示，在轴两端的支承点上，分别用轴承盖单向固定，以限制两个方向的轴向位移。为避免轴受热伸长而使轴承卡住，在轴的右端轴承外圈与端盖间留有一定间隙（0.5～1mm），以便游动。

（2）一端双向固定 如图10-27所示，把右端轴承的内、外圈都作轴向双向固定，左端轴承可随意游动。这样，工作时不会发生轴向串动，受热膨胀时也不能自由地向另一端伸长，不致卡死。

在轴上安装轴承内圈时，一般都有轴肩在一面固定轴承位置，另一面则用螺母、止动垫圈和开口轴用弹性挡圈等固定。

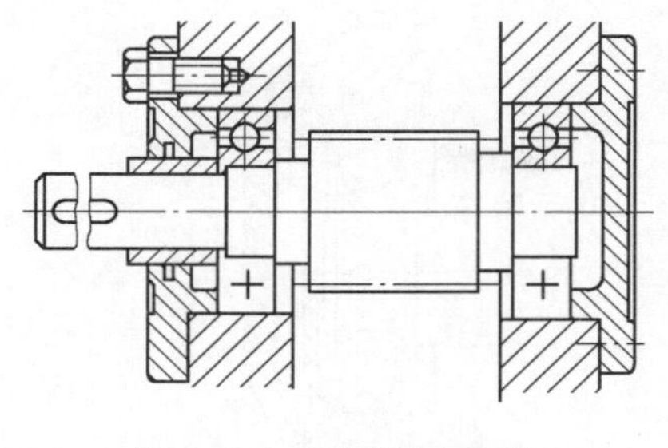
图 10-26 两端单向固定

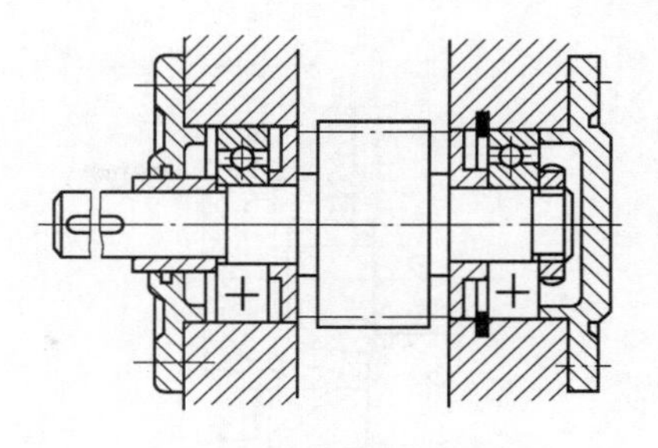
图 10-27 一端双向固定

在箱体孔内安装轴承外圈时，箱体孔一般用凸肩固定轴承位置，另一方向用端盖、螺母和孔用弹性挡圈等紧固。

3. 滚动轴承游隙的调整

（1）滚动轴承的游隙 滚动轴承的游隙指将轴承的一个套圈固定，另外一套圈沿径向或轴向的最大活动量，一般分为径向游隙和轴向游隙两类。径向游隙又分为原始游隙、配合游隙和工作游隙。原始游隙是指轴承未安装前自由状态下的游隙。配合游隙是指轴承在轴上和箱体孔内的游隙，其大小由过盈量决定。工作游隙是指轴在承受载荷运转时的游隙。

轴承的径向游隙和轴向游隙并非越小越好。不是所有的轴承都要求最小的工作游隙，必须根据条件选用合适的游隙。具体应用时，可查取相应的国家标准。

（2）滚动轴承游隙的调整 滚动轴承游隙过大或过小，在轴承使用寿命、设备精度、噪声与振动等方面都有一定的表现，因此，轴承在装配时应控制和调整合适的游隙。一般有如下两种调整滚动轴承游隙的方法。

1）垫片调整法：

①通过改变轴承盖与壳体端面间的垫片厚度来调整轴承的轴向游隙。如图 10-28a 所示，用修磨垫圈来调整轴向游隙。

②也可用图 10-28b 所示的压铅丝法求得垫片厚度。将 1 ~ 2mm 粗的铅丝分为 3 ~ 4 段，用油脂粘结放在轴承和壳体端面上，再装配轴承盖并拧紧螺钉。然后拆下轴承盖，测量铅丝厚度 a、b，则调整垫片的厚度 $\delta = a + b - S$（a、b 为被压扁的铅丝厚度，S 为轴承需要的间隙）。

③另一种方法如图 10-29 所示。调整时，一般先不加垫片，拧紧侧盖的固定螺钉，直到轴不能转动时为止（此时轴承内无游隙），此时，用塞尺测量侧盖与轴承座端面之间的距离 k，然后加入垫片，其厚度等于 k + 轴向游隙。采用垫片调整法调整的轴承精度取决于侧盖和垫片的质量。轴承侧盖凸缘端面 A 和侧盖端面 B 应平行。

2）用螺钉调整法调整滚动轴承游隙的方法如图 10-30 所示。调整时先松开锁紧螺母，然后转动螺钉调整轴承游隙至规定值，最后拧紧锁紧螺母。

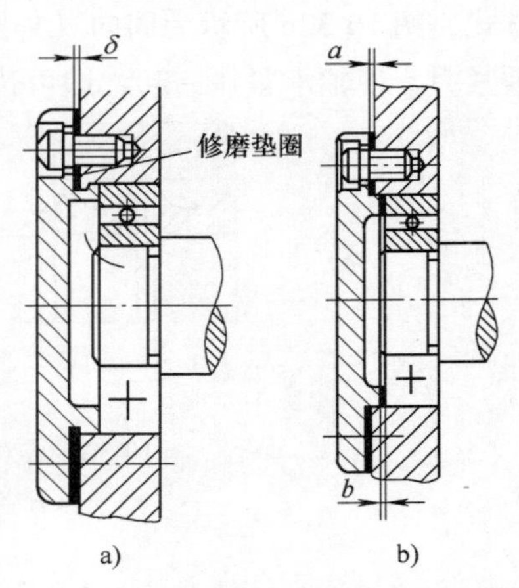

图 10-28 用垫片调整滚动轴承游隙
a）垫片调整 b）压铅丝法

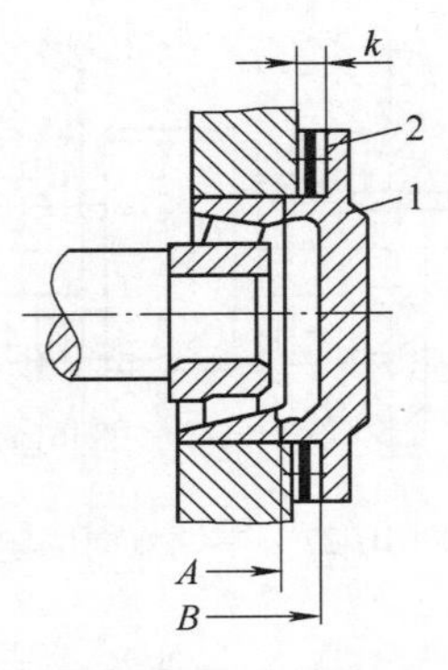

图 10-29 游隙测量

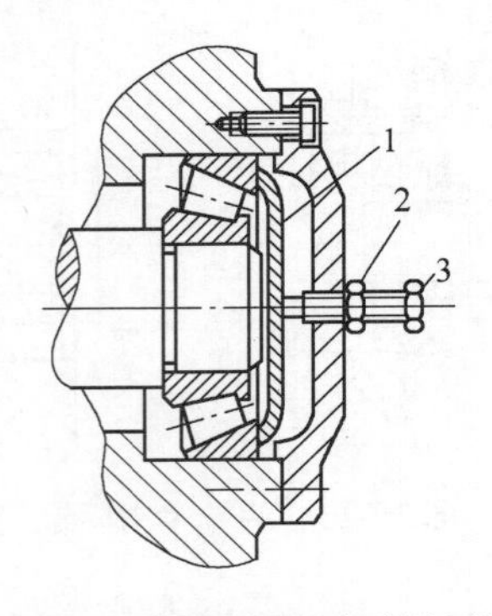

图 10-30 用螺钉调整滚动轴承游隙
1—压盖 2—锁紧螺母 3—调整螺钉

3）用螺母调整法调整滚动轴承轴向游隙有两种方法，一种是用装在轴上的螺母调整，另一种是用装在轴承座孔上的螺母调整。调整时，先将螺母拧紧到轴难以旋转时为止，然后再将螺母拧松到轴能自由旋转为止，调整后用止动螺母锁死。

4. 滚动轴承的预紧

所谓预紧就是在安装轴承时，用某种方法产生并保持一轴向力，以消除轴承中的游隙，并在滚动体和内、外圈接触处产生初变形。预紧后的轴承受到工作载荷时，其内、外圈的径向及轴向相对移动量要比未预紧的轴承大大减少，这样就提高了轴承在工作状态下的刚度和旋转精度。

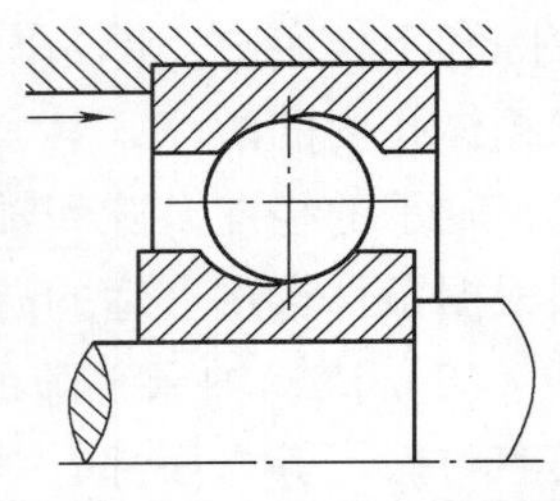
图 10-31 滚动轴承预紧原理示意图

图 10-31 所示为滚动轴承预紧原理示意图。

图 10-32 所示为成对布置的角接触球轴承的三种预紧布置方式。角接触球轴承只能承受单个方向的轴向载荷；而有的场合则需要同时承受径向载荷和轴向载荷，有的场合需要单独承受轴向载荷；因此，角接触球轴承一般成对使用。图 10-32a 所示为背靠背（外圈宽边相对）布置方式，图 10-32b 所示为面对面（外圈窄边相对）布置方式，图 10-32c 所示为同向（外圈宽窄边相对）布置方式。布置时按照图示箭头方向施加预紧力，使轴承紧靠一起，即可达到预紧的目的。

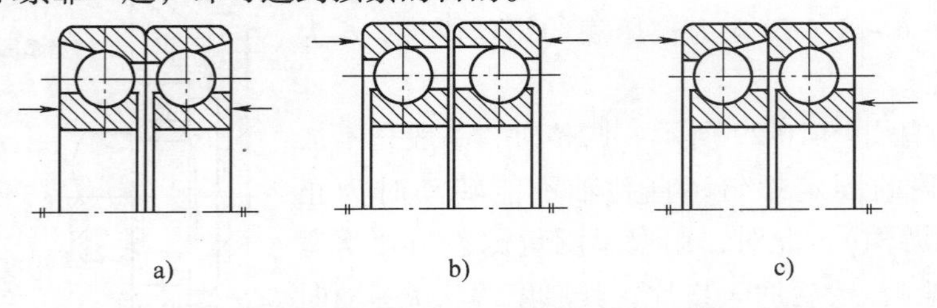

图 10-32 成对安装的角接触球轴承的三种预紧布置方式
a）背靠背安装 b）面对面安装 c）同向安装

5. 轴承径向间隙的检查与调整

（1）轴承径向游隙的检查

1）检查轴承径向游隙的最简单方法是用手转动轴承进行检查。安装正确的轴承能灵活平稳地旋转，没有制动现象。

2）另一种检查轴承径向游隙的方法，即用手摇晃轴承外圈，即使有0.01mm的径向间隙，轴承上最上一点也要有0.01～0.15mm的轴向移动量。此方法只适用于角接触球轴承。

3）轴承的径向间隙也可用塞尺检测。将塞尺插入到轴承未承受载荷部位的滚动体与外圈（或内圈）之间进行检测。此方法用于检测深沟球轴承和圆柱滚子轴承的间隙。

4）轴承的径向间隙还可用百分表检测。检测时，将轴承外圈顶起，用百分表测量。

（2）径向轴承间隙调整方法　对圆筒形和椭圆形轴瓦的顶隙，完全可以采用手工研刮的方法调整，或在情况允许时采用在轴承中分面加垫的方法调整。对多油楔固定式轴瓦，一般情况下不允许修刮和调整轴瓦间隙，间隙不合适时应更换新轴瓦。对圆筒形和椭圆形轴瓦的侧隙，可采用手工研刮或在轴承中分面加垫车削后修刮的方法调整。对多油楔可倾式轴瓦，不可以修刮瓦块，间隙不合适时应更换新轴瓦。对多油楔可倾式轴瓦，也是不允许修刮瓦块，出现其间隙不合适时就应该更换新轴瓦。

复习思考题

10-1　试述螺纹联接防松的方法。

10-2　试述键联接的分类。

10-3　试述销联接的作用。

10-4　试述从轴上、轴承座孔中拆卸轴承的方法。

10-5　试述滚动轴承游隙的调整方法。

10-6　试述滚动轴承预紧的目的及方法。

10-7　试述轴组的定义。

附录　技能训练题

附-1　完成零件镶配任务如附图-1 所示。镶配零件毛坯图如附图-2 所示。技术要求为：以凸件为基准，凹件为配件；配合间隙≤0. 05mm，两侧错位量≤0. 06mm；检测时将此件锯开。

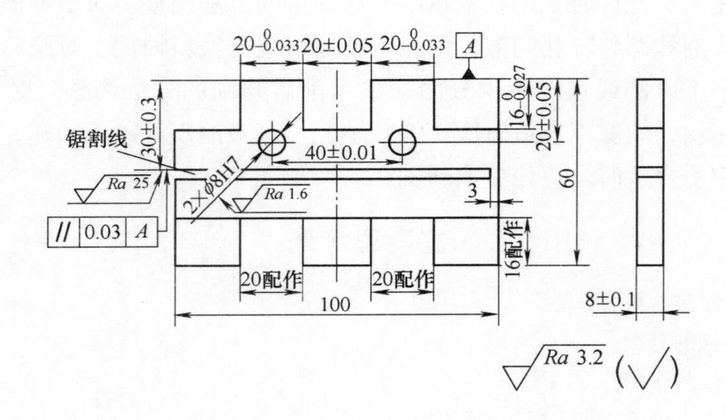

附图-1　零件镶配图

附-2　通过锉配，使三件配合，如附图-3 所示。技术要求为：三件配合间隙≤0. 02mm；件 1、件 2 对件 3 纵向中心线左右对称度≤0. 05mm。锉配零件图如附图-4、附图-5 所示，毛坯图如附图-6 所示。

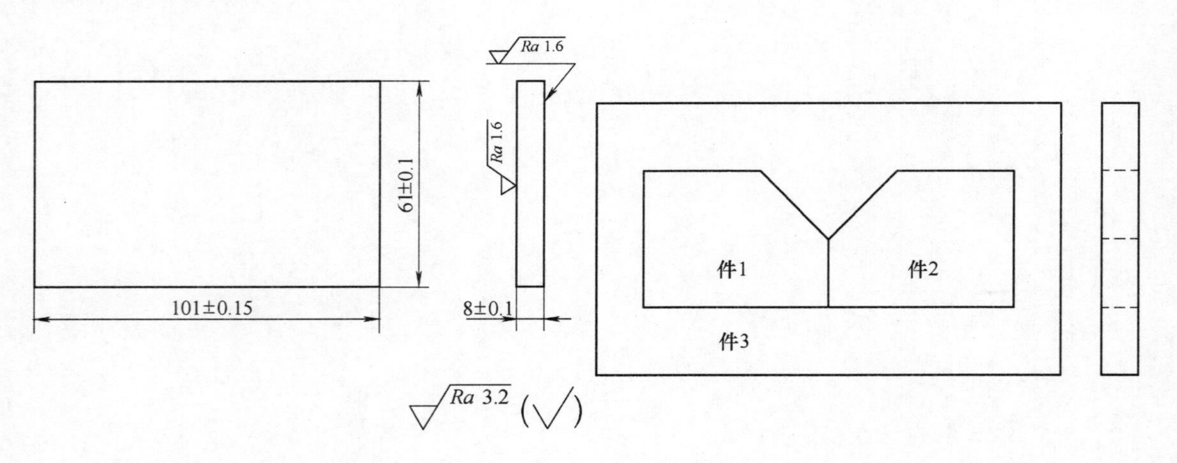

附图-2　镶配零件毛坯图

附图-3　锉配图

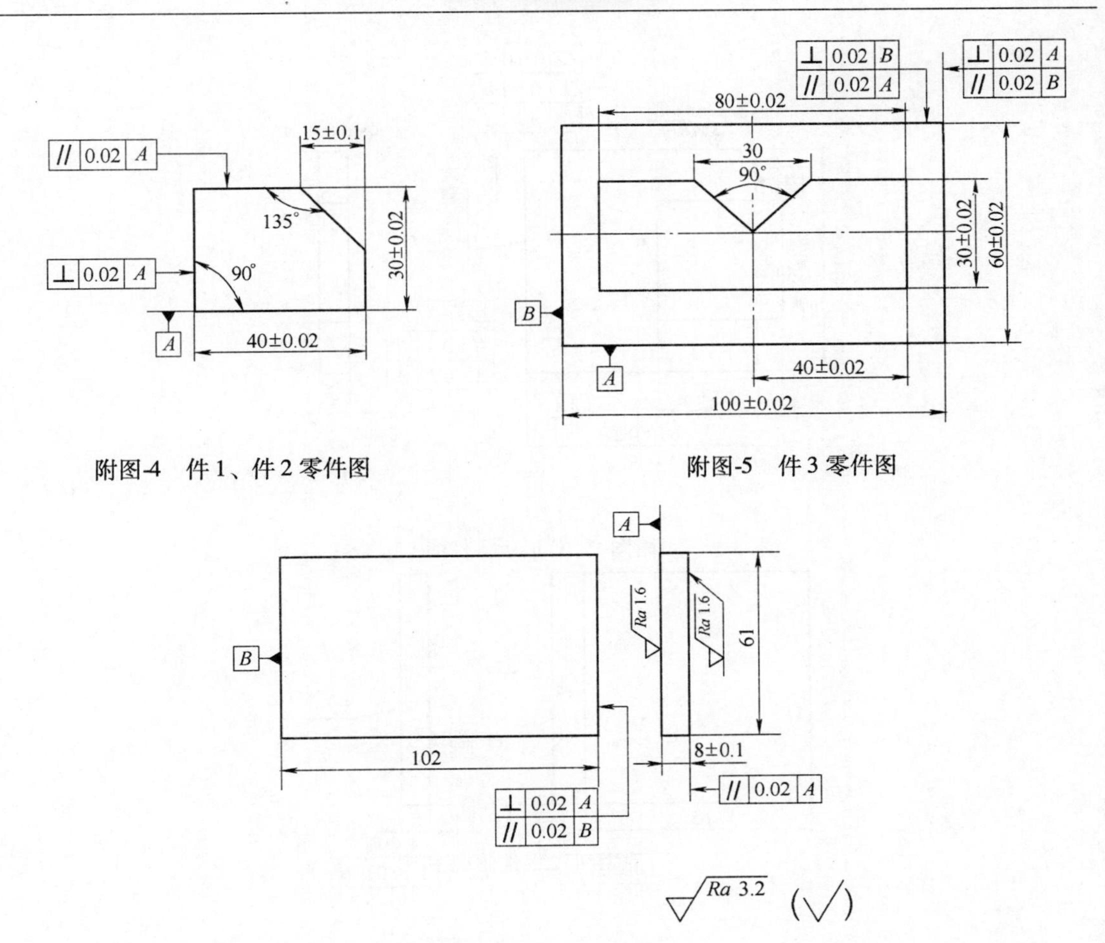

附图-4　件 1、件 2 零件图

附图-5　件 3 零件图

附图-6　毛坯图（2 块）

附-3　加工六角螺母如附图-7 所示，其毛坯如附图-8 所示。

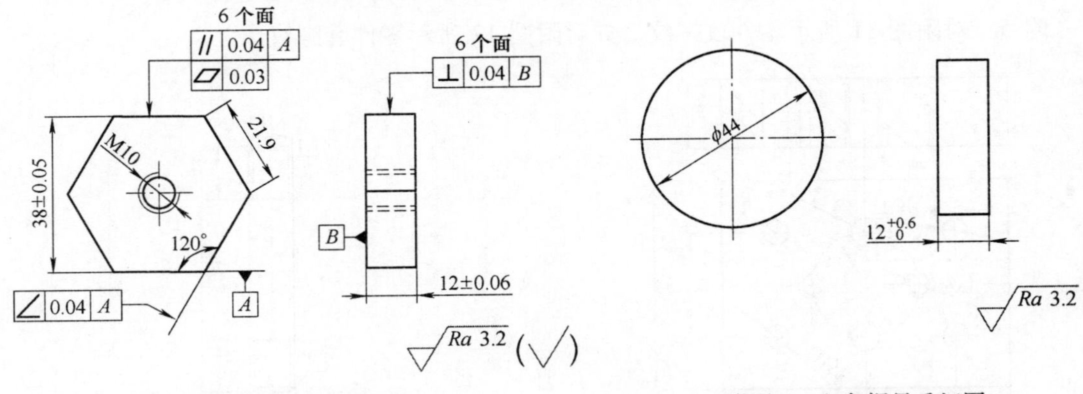

附图-7　六角螺母零件图

附图-8　六角螺母毛坯图

附-4　加工 C 形板。技术要求为：*A*、*B* 面为基准面，不许再加工；锯削面应一次成形，不准修整；錾削面不能采用其他加工方法。C 形板零件图和毛坯图如附图-9、附图-10 所示。

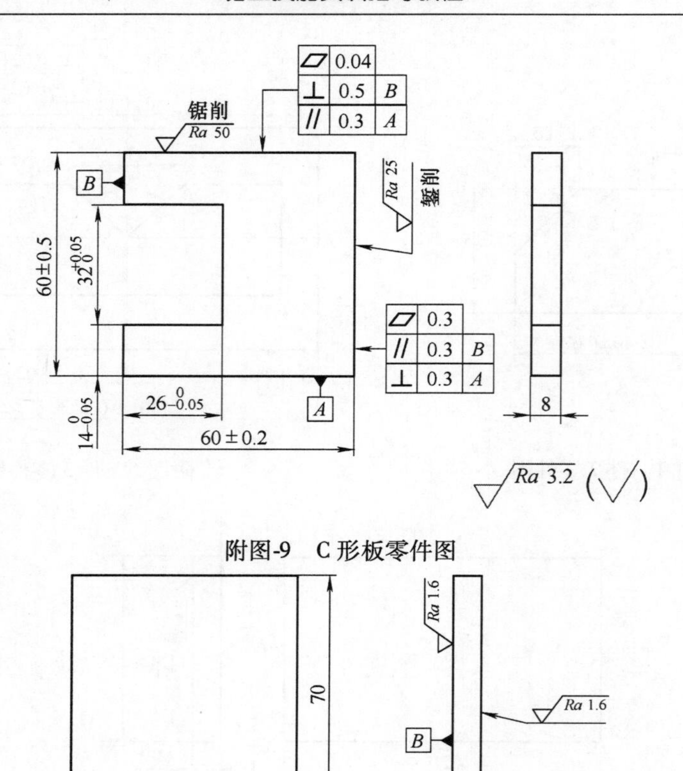

附图-9　C 形板零件图

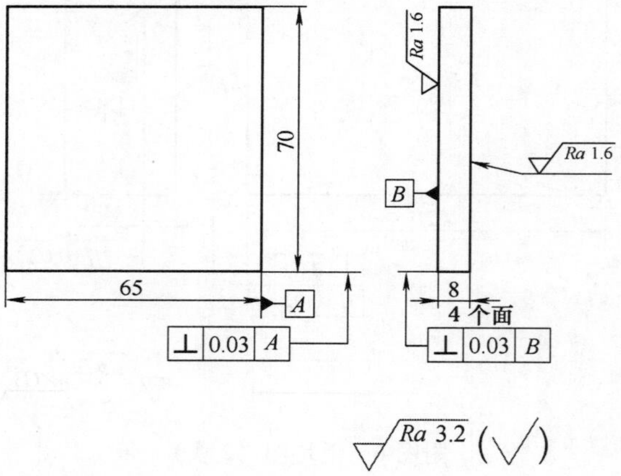

附图-10　C 形板毛坯图

附-5　对附图-11 所示零件攻螺纹。如对附图-12 所示零件套螺纹。

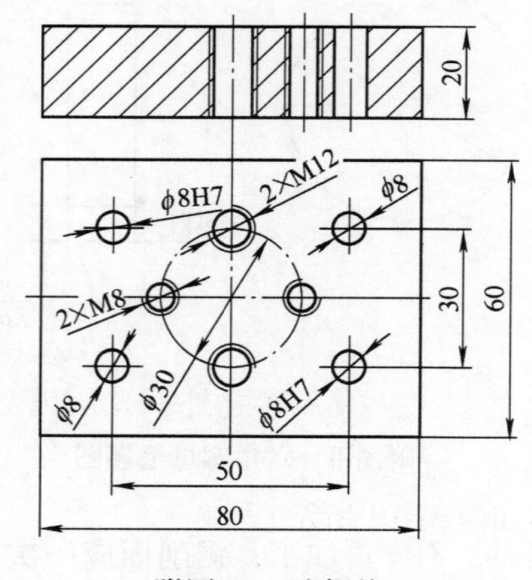

附图-11　攻螺纹

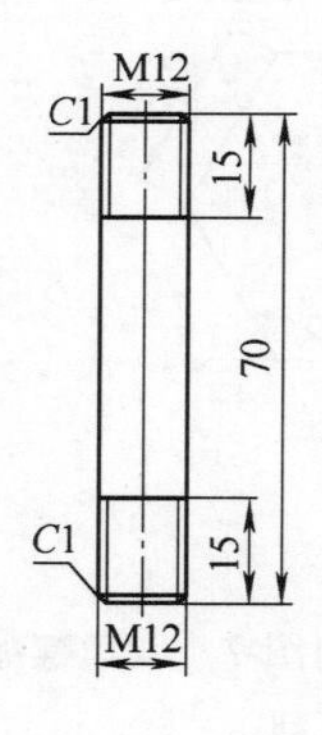

附图-12　套螺纹

附-6　加工附图-13 所示的定位块，其毛坯如附图-14 所示。

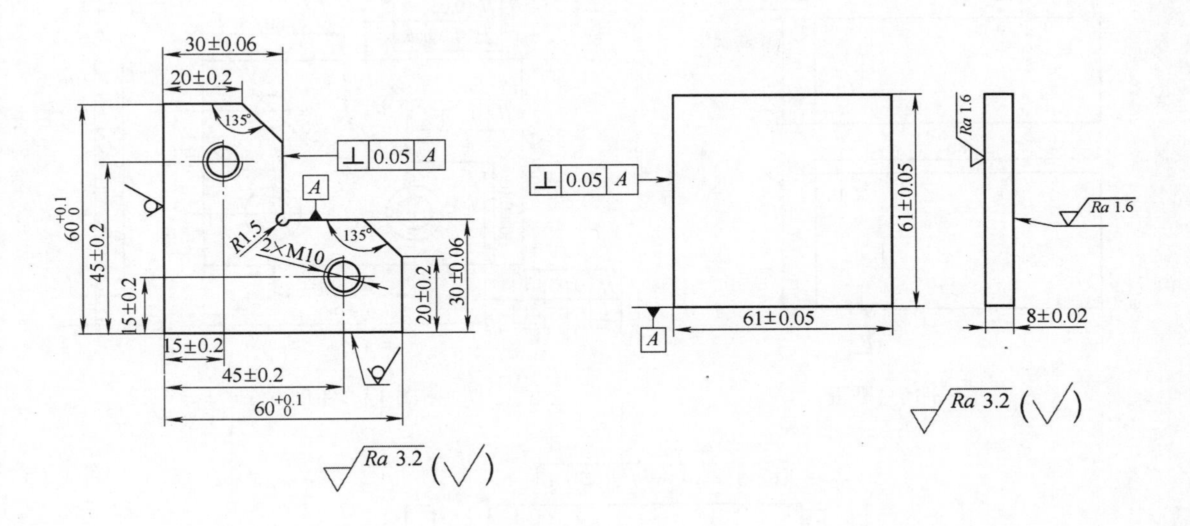

附图-13　定位块零件图　　　　附图-14　定位块毛坯图

附-7　制作锤头。锤头零件图如附图-15 所示，毛坯材料为 45 钢，尺寸为 125mm × 22mm × 22mm。

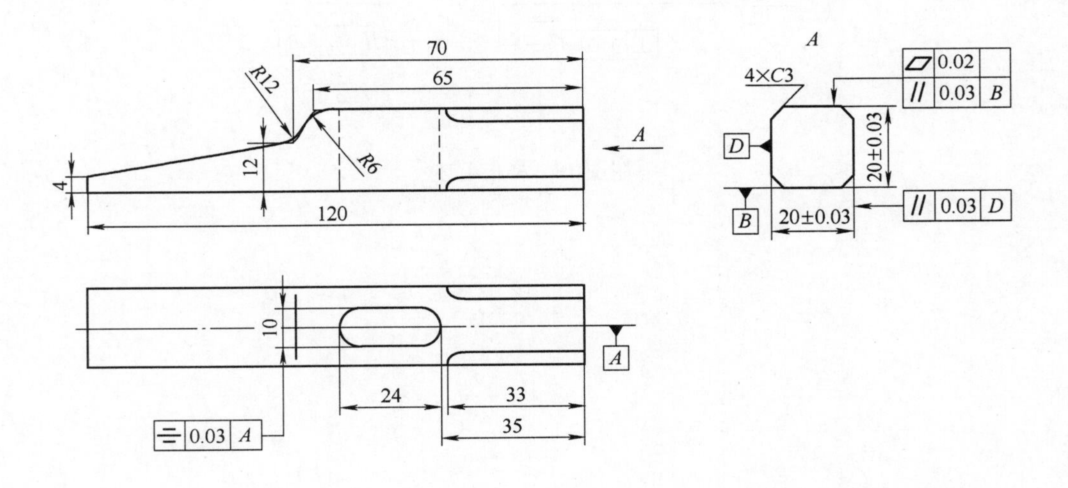

附图-15　锤头零件图

附-8　如附图-16 所示平板，对其 A 面进行刮削加工。注：除 A 面之外，其他表面已加工好。

附-9　对附图-17 所示样板零件进行加工，其毛坯如附图-18 所示。

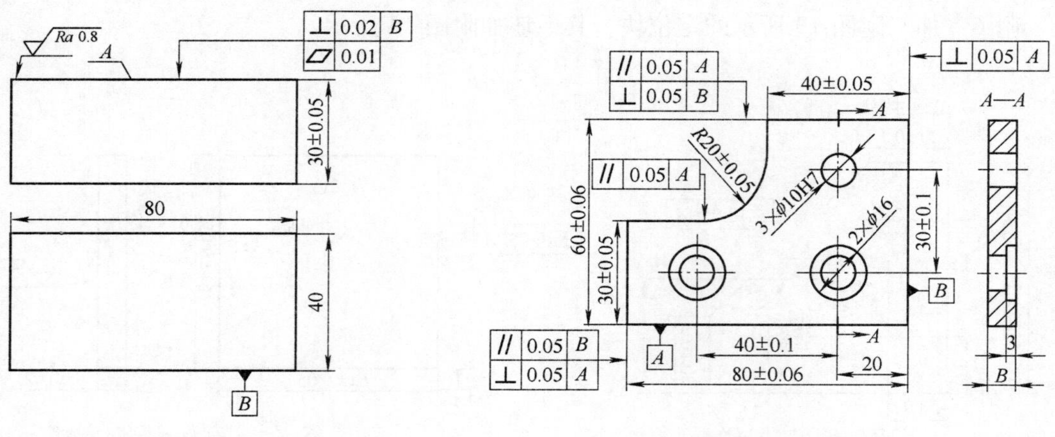

附图-16 平板　　　附图-17 样板零件

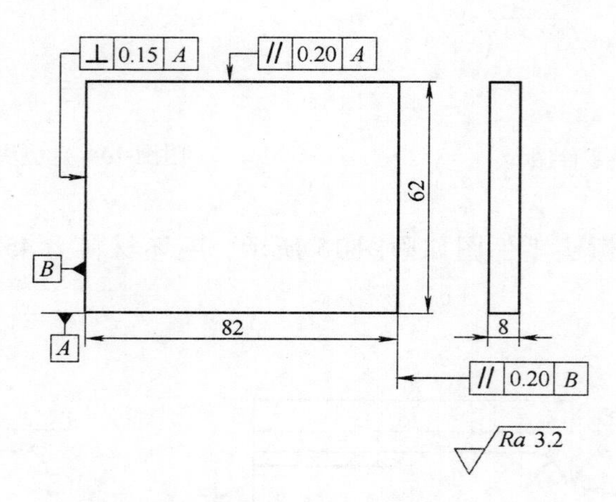

附图-18 样板毛坯

参 考 文 献

［1］ 朱树新. 模具机械加工技能训练［M］. 北京：电子工业出版社，2006.

［2］ 童永华，冯忠伟. 钳工技能实训［M］. 2版. 北京：北京理工大学出版社，2009.

［3］ 张玉中，孙刚，曹明. 钳工实训［M］. 北京：清华大学出版社，2006.

［4］ 王德洪. 钳工技能实训［M］. 2版. 北京：人民邮电出版社，2009.

［5］ 张华. 模具钳工工艺与技能训练［M］. 北京：机械工业出版社，2004.